La Vie des Abeilles

蜜蜂の生活

モーリス・メーテルリンク

山下知夫＋橋本　綱＝訳

工作舎

蜜蜂の生活　目次

1章　巣箱の前に立って　007

勤勉な蜜蜂たちの、香り高い精神や神秘にふれるために、
私たちはその巣をこじあけなければならなかった。

2章　分封（巣別れ）　029

抗しがたい魅惑の時、分封、それは蜜の祭典、
種族と未来の勝利、そして犠牲への熱狂である。

3章　都市の建設　091

この街は地表から突き立つ人間の街のようではなく、
空から下に降りてゆく逆円錐形の逆立ちした街だ。

4章
若い女王蜂たち
彼女は自分の競争相手の挑戦を耳にするや、
自らの運命と女王の義務を知って勇敢に応酬する。
153

5章
結婚飛翔
太陽が光りきらめくとき、一万匹以上の求婚者の行列から選ばれた
たった一匹だけが女王と合体し、同時に死とも合体する。
193

6章
雄蜂殺戮
ある朝、待たれていた合言葉が巣箱中にひろまると、
おとなしかった働蜂は裁判官と死刑執行者に変貌する。
229

＊行間の★印数字は原註を示し、その章の最後に対応、収録してあります。

わが友、アルフレッド・シュトロに捧ぐ

1 章

巣箱の前に立って

勤勉な蜜蜂たちの、香り高い精神や神秘にふれるために、
私たちはその巣をこじあけなければならなかった。

私はここで養蜂や蜜蜂の飼育についての論文を書くつもりはない。それについては各先進国に多くのすぐれた研究論文が出ているので、いまさら私がやりなおすまでもあるまい。フランスにはダダン、ジョルジュ・ド・ラヤンとボニエの共著、ベルトラン、アメ、ウェベール、クレマン、コラン神父のものなどがある。英語圏では、ラングストロース、ベヴァン、クック、チェシャア、コーワン、ルートや彼らの弟子たちのもの、ドイツではツィエルツォン、フォン・ベルレプシュ、ポルマン、フォーゲル、その他にもたくさんある。

本書はセイヨウミツバチ(*Apis mellifica, ligustica, faciata*)などの学術論文でもなければ、新しい観察や研究の論文集でもない。すこしでも蜜蜂に手を染めた人なら誰でも知っていることしかのべないつもりだ。二〇年にわたる養蜂で、私が培ってきた特殊な経験や観察のかずかずは、もっと専門的な著作を書くときのためにとっておくことにした。ここではただ、ロンサールのいう「黄金の蜂」について、人がよく事情をのみこみ愛情も抱いている対象について、それをなにも知らない人に、話して聞かせるような語り口で語ってみたいだけなのだ。だから真実を飾りたてるつもりはさらさらないし、それまで蜜蜂にかかわった人々にレオミュールが正当な非難を浴びせたように、真の驚異を親切ごかしの空想的な驚異でおきかえようとも思っていない。蜜蜂の巣にはたしかに多くの驚異が秘められているが、だからといって潤色をほどこしていいということにはならないだろう。それに私はもう長いこと世の中に、真実以上に、あるいはすくなくとも真実を知ろうとする人間の努力以上に、興味深く、美しい驚異を求める気がしなくなっているのだ。不確かな事柄の中に生の偉大さを求めるのはいっさいやめることにしよう。確実なことはすべて偉大である。それなのに、私たちはこれまでのところその確実なことをひとつとして吟味検討したことがないのである。だから私は、自分で確かめもしないことや、証明が必要ないほど古典養蜂学者に認められていること以外はいっさいあつかわないことにした。私の役割は案内書や実用的な手引書や学術論文と同じくらい正確に事実を提示することである。ただもっといきいきとした方法で叙述すること、もっと詳しく自由な考察をまじえ、均整のとれた分類をすることなどが実用書や学術書とちがう点である。この本を読んだからといって、蜜蜂を飼うことができるわけにはいかないかもしれない。しかし巣の住民についての確実で興味深いこと、奥深くに隠されていることはほぼその全容を知ることができるはずである。しかしそれでもまだまだ学び残していることに比較すれば、たいしたことではない。またいまでも田舎で語り継がれ、多くの著作にも記されている養蜂家の作り話の誤った伝統は、ここではすべて無視することにした。疑問や異論が出そうなところ、仮説でしかなさそうなところ、そして私にもわからないことに直面したときには、そのことを正直に告白することにする。事実わからないことを前にして立ち止まる場面がたびたび出てくることは、読者ものちに気づくにちがいない。あの驚くべきアリスタイオスの娘たちについては、その保安体制や目立った活動以外、正確なところはなにひとつわかっていないのが実情である。蜜蜂を育てれば育てるほど、ますます彼女たちの本当の生活の深遠さを知らずにすますことを覚えてくる。しかしその無知も、生命について私たちのもっている知識の根底をかたちづくっている無意識的、自己満足的な無知とくらべれば、数段ましではないだろうか。このことこそおそらく、人がこの世界で学んだと自負できるすべてではないだろうか。

　ところで蜜蜂について本書と同じような著作がいままであっただろうか。私は関係書物をかたっぱしから読破したつもりだが、似たものといえばミシュレが『昆虫』の終わりであつかった一章と、『力と物質』の有名な作者、ルドヴィヒ・ビュヒナーが『動物の精神生活』の中で、蜜蜂のためにさいたエッセイぐらいしか思い浮ばない。[★1] ミシュレはほとんど蜜蜂に触れていない。またビュヒナーの研究は完璧といっていいものだが、そのかなりむこうみずな断言や、伝説的な表現や、彼が報告している、もう以前から顧みられることのなかった噂などを読むかぎり、どうやら蜜蜂という主人公を調査するのに、図書館から一歩も足を踏み出さなかったのではないか、また翅の音を高く響かせ、まるで燃えているような幾百の巣箱をひとつとして開けてみたことがないのではないか、と考えられるふしがある。本来なら私たちの直観がその秘密になじみ、勤勉な彼女たちの雰囲気や香気や精神や神秘に浸るためには、そのまえにどうしても巣をこじあけなければならないというのに。その本には蜜や蜜蜂の香りを嗅ぐことはできない。それに結論がしばしばあらかじめ決められていたり、不正確な二番煎じの逸話でできた科学的方法を用いている多くの学術書の欠点も備えている。いずれにせよビュヒナーの本が本書に出てくることはめったにないはずである。その出発点も、観点も、また目標も私たちのものとは大きくかけ離れている。

II

蜜蜂の文献（まず本の話をさっさとかたずけ、主題そのものに直行しよう）はひじょうに広範に存在している。社会生活を営み、こみいった規則に従って生活し、闇のなかで驚くべき仕事を成しとげているこの奇妙な小動物は、はじめから人間の好奇心をひきつけてきた。プリニウスによれば五八年間も蜜蜂を観察したという哲学者アリストマコスや、蜜蜂を見ることに専念するため人里離れたところで生活し「野蛮人」と渾名されたタソス島のピュリスコスなどは別格だが、カトー、ウァロ、プリニウス、コルメラ、パラディウスがそれについて語っている。しかしそれらはむしろ蜜蜂についての伝説のたぐいであり、そこからひきだされる結論ということはほとんど無にひとしいのだが、ウェルギリウスの「農耕詩」の第四の歌でのべられているところに集約される。

蜜蜂の歴史は偉大なオランダの学者スワンメルダムの発見をもって一七世紀にようやく始まったと言っていい。しかしあまり知られていない小さな事実をここでつけくわえておいた方がよいだろう。それはスワンメルダム以前にフランドルの博物学者クルティウスがいくつかの重要な事実を確かめていることである。とりわけ女王蜂が一族の唯一の母であり、両性いずれの特質をも備えているという発見がある。ただ、彼はそれを証明していない。スワンメルダムが本当の意味の科学的観察の方法を発明した。彼は顕微鏡をつくり、保存注射を考えだし、初めて蜜蜂を解剖し、卵巣と輸卵管の発見を通じてこれまで王だと信じられていた女王の性を最終的に明らかにし、巣の全政治体制を母権制に基礎を置くことによって、おもいがけない視点から解明してみせた。それに彼は断面図をつくり挿絵を描いているが、実に完璧なもので現在でもいくつかの養蜂書の挿絵として使われているほどだ。彼は当時の人ごみのはげしいアムステルダムで生活していたが、田舎の穏やかな生活を懐しがりながら仕事に精魂を使いはたし、四三歳の若さで没した。動揺しまいとする信仰心の美しい素朴な情熱によって、彼はあらゆるものを創造主の栄光と結びつけようとした。そんな傾向のはっきりうかがえる敬虔かつ的確な文体を駆使しながら、彼は自分の観察をその大著『自然の書』(*Bybel der Nature*)に書きしるした。これは一世紀後、ベルハーヴェ博士によって、『自然の書』(*Biblia naturae* ライデン・一七三七年)という表題で、オランダ語からラテン語に翻訳されている。

ついで、レオミュールが現れる。彼はスワンメルダムと同じ方法で、シァラントンの庭園で数多くの興味深い実験、観察をおこなっている。そして自著『昆虫史のための覚書』の一巻すべてを蜜蜂にさいている。これは内容豊かなおもしろい本である。論旨は明晰、直截、真摯で、いささか無愛想で潤いに欠けるところもないではないが、ある種の魅力を充分そなえている。またそれまでの数かぎりないまちがいをできるだけ正そうとしたが、そのかわりいくつかの新たな誤謬を広めてしまった。そして分封の成り立ちや女王の政治体制の一部を解き明した。ようするに彼はいくつかの難しい事実を発見し、他の数多くの事実を発見するための手がかりをあたえたといえる。とりわけ彼は、巣の建築のすばらしさをたたえている。その点に関しては、彼ほどみごとに叙述した者はいなかった。そのほか、ガラス張りの巣箱を考えだしたのも彼である。それは以後改良が重ねられ、おかげで、眩しい光の下で仕事を始めても、仕上げは闇の中でしかおこなわないため解明困難だった獰猛な働蜂の私生活が、あますところなく暴かれることになったのである。さて完璧を期すためにはやや時代が下ってシャルル・ボネや(女王の卵の謎を解いた)シラッハの研究や労作を引き合いにだすべきかもしれない。しかし概略を追うだけにとどめることにして、今日の養蜂科学の先達であり古典であるフランソワ・ユベールに言及することにしよう。

ユベールは一七五〇年ジュネーブに生まれたが、若い頃に目が見えなくなった。初めはレオミュールの実験に興味をもち、それを確かめようとしていたが、そのうち蜜蜂の探求に情熱をかたむけ、フランソワ・ビュルナンという聡明かつ忠実な召使の助けを借りながら全生涯を蜜蜂の研究に捧げるようになる。人間の苦闘と勝利の歴史において、非物質的なかすかな光しか感じることのできない者が、その知性をもって現実の光を感受できるもうひとりの者の手や視線を指導する、この忍耐強い共同作業の物語ほど感動的で多くの教訓をふくんでいるものはあるまい。人々のたしかな証言によれば、彼は自分自身の眼で一度も巣板を見たことがなかったというが、この共同作業の中で、あらゆるものを覆い隠そうとする自然のヴェールとそれに輪をかけた死んだ瞳という二重のヴェールを透して、まるで真実を希求し探求することをあきらめなければならない状態などありえないことを私たちに教えるかのように、人目にかくれた巣板を形づくっている土木工学のもっとも奥深い秘密をとらえることに成功したのである。ここで蜜蜂の学問が彼に負うているものをいちいちあげようとは思わない。むしろそのおかげをまったく被っていない事実をあげたほうが早いくらいだ。彼の『蜜蜂に関する新たな観察記』は、第一巻がシャルル・ボネ宛ての手紙の形式で一七八九年に出され第二巻は二〇年後やっと刊行されたが、いまでもあらゆる蜜蜂研究家にとって汲みつくせないほど豊かな、まちがいのない宝庫となっている。もちろんそこにはいくつかの誤謬や不完全な事実が指摘されている。またその本の出版以来、顕微鏡による研究、蜜蜂の実際的飼育、女王のとりあつかい等々に多くの進展がみられた。しかし彼のおもな観察についてはどれひとつをとってみても、それを否認したり、そこにまちがいをみつけたりすることのできるものはない。私たちの実際におこなう実験やその基礎においてもいまだに有効でありつづけている。

III

ユベールの発見後数年間はどんな進展もなかった。しかしやがて（シュレジア地方の）カールスマルクの牧師だったツィエルツォンが単性生殖、つまり女王蜂が処女出産する事実を発見する。そして可動性の巣板をもった巣箱を初めて考え出した。おかげで養蜂家は最良のコロニーを死に追いやることも、一年がかりの仕事を一瞬にしてだいなしにすることもなく蜜の収穫の分け前にあずかることができるようになった。巣箱はまだ不完全であったが、文字どおり可動性の巣枠を発明したラングストロースによってみごとに完成され、アメリカで驚くべき成功をおさめた。ルート、クインビー、ダダン、チェシャー、ド・ラヤン、コーワン、ヘドン、ハワードらがさらにいくつかの貴重な改良をくわえた。多くの蜜と貴重な時間を浪費させる蠟細工や貯蔵庫建築の労を蜜蜂から省いてやるために、メーリングは機械的に型どりされた巣板を考えだした。そして蜜蜂は、それらをすぐに受けいれ、自分たちの必要に合せた。デ・フルーシュカは、遠心力を利用して巣板を壊さずに蜜をとりだす蜂蜜分離器を発明する。わずか数年の間に養蜂の方法が一変する。巣箱の容量と生産能力は三倍にはねあがる。大規模な、生産量も多い養蜂所がいたるところでつくられた。この瞬間から、念入りにつくられた都市が無益な虐殺にさらされる事態や、その結果おこるおぞましい逆淘汰は終わりを告げた。人間はこのようにして蜜蜂の主人、つまり命令なしにすべてを指導し、それとわからず支配するような、ひそかな主人になったのである。人間が季節の宿命にとって代わる。彼は一年の不公平さを正す。また敵国同士を併合する、富を平等化し、出生数を増やしたり制限したりする、女王蜂の出産を調整する、また一匹の女王蜂を廃位させ、この不可解な干渉に逆上する民衆から、巧みに同意をとりつけて新しい女王蜂を位につかせたりもする。必要と判断された場合には、聖なる巣部屋の秘密や、女王蜂の閨房のずるがしこくも用心深い政治の秘密を平和的に犯すこともある。また疲れをしらない善良な修道尼から、傷つけたり気力を殺いだり貧しいおもいをさせることなく、その仕事の実りを五回も六回も掠めとる。そして春になって、あっという間に丘の斜面にまきちらされる花の収穫量に、倉庫や穀物倉の規模をつり合せる。かとおもえば、王女たちの誕生を待ちのぞむ恋人の数が多すぎるとき、それを制限する。ようするに、人間はのぞみどおりのことをし、要求どおりのものをえるわけである。ただしその要求が彼女たちのためにならず、その法にかなっていないときはそのかぎりではない。というのも、見分けるにはあまりに大きすぎ、理解するにはあまりになじみのうすい、想いがけない神が彼女たちをとらえているが、その神の意志を通じて彼女たちが見ている先は、神自身もおよびのつかない彼方であり、またゆるぎない自己犠牲をはらいながら彼女たちが成しとげようとしていることは、彼女たち自身の種族の神秘的な務めのほかにはないからである。

IV

さてひじょうに古い歴史を誇るこの問題について、書物が基本的なことを教えてくれたいま、いよいよほかの人々によって獲得された科学を離れて、私たち自身の目で蜜蜂をながめることにしよう。養蜂所に一時間もいると、既成科学より明確でないかもしれないが、はるかにいきいきとした実り豊かな事柄に気づくはずだ。

私は初めて見た巣箱のことがいまだに忘れられない。そこで蜜蜂を愛することを教わったのである。それはもう何年も前、あの清潔で美しいフランドル・ゼーラント地方の大きな町でのことであった。その町はゼーラントそのものというよりは、オランダ全体を映し出す凹面鏡であり、強烈な色調を好む傾向をできるだけおさえ、また土地の風物をまるで素敵なそしておごそかな玩具ででもあるかのように、いとおしげに眺めるのであった。すなわちその切妻の壁を、その塔を、その飾り立てた四輪馬車を、回廊の奥で輝いているタンスや柱時計を、岸や運河ぞいにまるで善良で素朴な式典の参列者のように並んだ小さな木立ちを、船尾に細工をほどこしたボートや渡し船を、花にたとえたくなるような扉や窓を、文句のつけようがないほどみごとな水門を、こまごまと多彩な色に塗られた跳ね橋を、そして調和のとれた色鮮やかな陶器のようにみごとなつやをたもった小さな家々を——。そんな家々からは、小鈴の形の民族衣装をまとい金銀の刺繍の飾りをつけた女たちが、白い柵に囲まれた牧場に牛の乳をしぼりにでかけたり、花をところどころに配した芝生の上や、楕円や菱形に刈りこまれたみごとな緑色のカーペットの上に、洗濯物を広げにくりだすのだ。

ウェルギリウスの描いた老人によく似た一種の老賢人、

　王に等しい男、神々に近い男

そして神々の如く満足げに心穏やかなる男

とラ・フォンテーヌならいいそうな老人がひとり、生活というものを本当に縮めることができるなら、そここそ他のどこより狭くみえたにちがいないようなその地に隠遁生活を送っていた。彼はそこに自分の隠棲所をかまえていたが、それはかならずしも人生に悲観したためではなく——なぜなら賢人は悲観などしないものだ——自然や真の法則について問いかけることのできる唯一の興味深い質問に関して、動物や植物ほど単純に答えてくれない人間に対して疲れてしまっただけのことである。そんな場所で彼の幸福をささえていたのは、スキュティアの哲学者の場合と同じく、庭園の美しさであった。その美の中でも、とくに愛好し、他のどこよりひんぱんに訪れたのが養蜂所なのである。それは一ダースの麦藁製の釣鐘型の巣でできていて、強烈なばら色や明るい黄色、そして大部分は淡いブルーに塗られていた。というのもそれが蜜蜂の好きな色であることを、彼はジョン・ラボック卿の実験よりはるか以前に観察していたからである。彼は養蜂所を家の白壁のそばに据えた。そこは陶器の食器棚の置かれたオランダ式の味わい深い清潔な食堂の一角になっていて、食器棚の上には錫器や銅器がきらきらと輝やき、開け放たれた扉をとおして静かな運河の水面に映しだされていた。そしてポプラ並木の下で、親しげな景色を映しだしている水は、風車や牧場の見える地平線ののどかな風景へと人々のまなざしを誘っていた。

養蜂所のあるところならどこでも同じかもしれないが、この場所でも巣箱が、花々や静けさや空気の甘さや陽の光に、新しい意味をあたえていた。人々はそこで、いわば夏の祭典の頂点を味わっていたのである。そして蜜蜂たちが田園の香りという香りを運びながら、朝から晩まで忙しそうに音をたてておりぬける空の道が放射状に交錯しているきらめく交差点に、人々はしばしいこいのときをすごすのだった。彼らは幸福そうな目に見える魂の響き、そして蜜蜂たちの奏でる知的で音楽的な声を聴きにきていた。そこは庭園の心地よいひとときをすごすための歓びの場であり、また蜜蜂の学校でもあった。人々は全能の自然の関心事、動物・植物・鉱物界のあいだの輝かしい相互関係、くみつくせないほど豊かな生活組織、そして熱心で公平な労働のもつ道徳的価値などを学びに集まってくるのだった。英雄的な働蜂は労働の道徳ばかりではなく、余暇の楽しみ方ですらこの学校で教えていた。彼女たちは空間の原野を転ってゆく無垢の日々のとらえがたい歓びを、その数千の小さな翅の火で、いわばアンダーラインを引いて強調しているのだ。そして私たちのもとには、あまりにも純粋なしあわせのように、思い出すらないような透明なガラス玉だけをもたらしてくれるのだ。

V

蜜蜂の巣の一年の歴史をできるだけ簡単にたどってみるため、ここで春に目醒め、労働を再開しはじめたひとつの巣をとりあげてみよう。私たちはそこに、蜜蜂の生活の重要なエピソードが自然の秩序に従って展開されるさまを見ることができるだろう。すなわち分封の形成と出発、新しい都市の創設、若い女王蜂の誕生や闘いや結婚の飛翔、雄蜂の虐殺と冬眠への回帰などのエピソードである。そのときどんな法則、特性、習慣、事件がそのエピソードをひきおこし、また裏づけているのかという問題がおこってくるが、それを解くためのあらゆる鍵はそれぞれのエピソード自身が自然にあたえてくれるだろう。こうして、四月から九月末までしか活動期のない短い蜜蜂の一年をたどり終わってみれば、私たちは蜜の家の神秘にことごとく接したことになるはずである。けれどもいまは、巣をこじあけ、その全体を見渡す前にとりあえず巣が一族全員の母である一匹の女王蜂と、幾千匹もの雌、あるいは中性、つまり不完全で不妊症の雌の働蜂と、数百匹の雄蜂とから成り立っていることや、この数百匹の中からたった一匹将来の女王蜂の配偶者が選ばれること、そしてこの将来の女王蜂は、それまで支配していた母蜂が自発的に出て行ったあと、残った働蜂によって選ばれるということなどを知っておけば充分である。

VI

蜜蜂の巣を初めてあける人は、たとえば墓のように、おそろしい脅威をふんだんに隠しもった未知の物体を暴く時に感じるような不安に襲われるかもしれない。たしかに蜜蜂のまわりには、おそろしさや危険についての伝説がついてまわる。急激に襲ってくるひからびた感覚、あるいは傷口にひろがる一種の砂漠の炎とでもいうのだろうか、なにものにもたとえようのない痛さをひきおこすあの針の刺傷の苦い思い出がある。まるであの太陽の娘たちが、有益な時間の中から紡ぎだした甘い宝物をいっそう効果的に守るために、父の猛り狂った光線から輝かしい毒素を抽出したかのようだ。

なるほど、巣の住民の性格や習性に通じていないうえに、それを尊重しようとしない人が、不用心に巣をこじあけたりすれば、巣はたちまち憤怒とヒロイズムに燃える藪に早変りするだろう。しかし無事に巣を操作するのに必要な、ちょっとした器用さなどはすぐに身につくものだ。適時に送りだされるわずかな煙と、冷静さや優しさをもちあわせていればよいのだから。そうすれば、日ごろ武装をおこたらない働蜂も針を引き抜こうとはせず、むしろ掠奪されるがままになっているはずである。それはよくいわれるように、彼女たちが主人を認めたからでも、人間をおそれたからでもなく、煙の匂いや、住居の中を脅かすようすもなく動きまわるゆっくりした手の動きに、攻撃にさらされているのでも、防御可能な大敵を前にしているのでもなく、順応していかなければならない力、あるいは天災を前にしていると考えるからなのである。彼女たちは先見性、それもあまり先を読みすぎてしくじってしまうほどの先見性をもちあわせていて、むだな戦いをすることはできるだけ避けるのだ。たとえば万一、いままでの都市が破壊されたりこれを捨てざるをえない事態が発生すると、すくなくとも将来だけは救済しようとして、彼女たちは蜜の貯蔵庫にとびこみ、どこでもいいからすぐに、新しい都市をほかに建てられるだけ蜜を取りだし、自分たちの体内にそれを貯えておこうとするのである。

VII

素人は観察用の巣箱をあけて見せられてもはじめは失望を味わうだけだろう[★2]。類をみない活動、数えきれないほどの賢い掟、驚くばかりの天分、経験、計算、知識、多様な産業、将来の予測、確信、利口な習慣、かずかずの不可思議な感情や美徳などが、このガラス箱に秘められていることを、その素人はさんざん吹きこまれたにちがいない。ところが、そこには焙じられたコーヒー豆か、ガラス板に集められた干しブドウのような赤褐色の小さな果実粒が雑然とかたまっている情景しか見ることができない。これらのあわれな粒々は脈絡もないし理解することもできないようなゆっくりした動きにゆさぶられて恐怖におののいている。さっきまで蜜蜂は、真珠や黄金や満開の萼を腹一杯にふくみ、いきいきとした息づかいで出入口に殺到しては弾け跳び、まるで光のしずくのように思えたのに、いま彼の目はそれを認めることができないのだ。

蜜蜂たちは闇の中で震えおののいている。そして凍えたような群れの中で窒息しようとしている。これではまるで庭の輝かしい花のあいだに一瞬だけ栄光の歓びを味わい、あとはすぐごみごみした陰気な住居に帰らなければならない、病気の囚人か失墜の女王である。

だが深遠な現実のすべてに言えることがここで蜜蜂についても言える。私たちは蜜蜂を観察するすべを学ぶ必要があるのだ。ほかの惑星の住人が、ほとんどそれとわからないほどゆっくり道を往来し、建物や広場のまわりにひしめきあい、目立った動きもなく住居の奥でひっそりとなにかを待っている人間どもを見たなら、彼らもまた人間が動きのにぶいみじめな存在だと結論をくだすにちがいない。この無気力の中にある多様な活動が解き明かされるには、かなりの時間が経過しなければならないだろう。

実際、ほとんど動かないこれらの小さな粒々も、それぞれが休みなく働き、別々の仕事についているのである。休んでいるものなどはひとつとしてない。たとえばいちばんよく眠っているように見え、死んだ房のようにガラスにぶらさがっている一団も、実はもっとも神秘的でしかも疲労の多い業務を負っているのだ。つまり彼女たちは蜜蠟をつくって分泌している。しかしこの全員一丸となって当る活動の詳細については、そのうちまた出てくるだろう。いまのところは、この不明瞭な仕事の驚くべき積みかさねを説明できる蜜蜂の基本的な一特徴に注意をかたむけておくだけでよいだろう。それは蜜蜂がまずなによりも、たとえばあの蟻と較べてさえ、群れの生き物だということである。蜜蜂は集団でなければ生きてゆくことができない。その巣はあまりに混雑していて周囲を取り巻いている生きた壁のあいだに頭を割りこませて通り道を切り拓かねばならないほどだが、巣から一歩外に出るとき、彼女は自分の必要成分そのものから足を踏み出していることになるのだ。ちょうど海女が真珠の埋蔵されている大海に潜るように、彼女はすこしのあいだ花でいっぱいの空間にとび出す。しかし死を免れるためには、ちょうど海女が空気を吸いに海面にもどるように、密集の息吹を吸いに規則的な間隔をおいてもどってこなければならない。一匹だけ隔離されると、どんなに大量の食物と適温を用意しても、蜜蜂は、飢えや寒さのためではなく、孤独のために数日をまたずに息をひきとってしまう。集団と都会は蜜蜂にとって、蜜とおなじくらいなくてはならない栄養源になっているのだ。巣の法則の精神を見定めるためには、この不可欠な要素にまで溯らなければならない。巣の中においても個はなにものでもない、それは条件つきの存在、種の些細な一瞬間、翅の生えた一器官にしかすぎない。個体の全生涯は、その所属している無数の永続的存在への完全な犠牲となるのだ。興味深いことは同じことが蜜蜂以外にも言えるわけではない、という点である。飼育蜜蜂がたどってきた文明の進歩のあらゆる段階は、いまでもなお、蜜をつくる他の膜翅類の中に見いだすことができる。もっとも進化の低いものは、悲惨のただなかを単独で活動している。それはしばしば子孫を見ることさえない。たとえば、ハラツヤハナバチ(*Prosopis*)やミツバチモドキ(*Colletes*)などがそうだ。またときには、その年に自分が産んだ一年だけの狭い家族のなかで生活するマルハナバチ(*Bourdons*)、ついで暫定的な協力をおこなうヒメハナバチモドキ(*Panurgus*)やケアシハナバチ(*Dasypodes*)やコハナバチ(*Halictes*)などがあり、そして最後に、一段一段進化して、私たちの巣のほぼ完全だがそのかわり容赦のない社会にたどりつく。ここでは個体は完全に共和国に吸収され、共和国の方も、未来の抽象的で不滅の都市をつくるために周期的に犠牲にされなければならないのである。

VIII

だがこのような事実から、あわてて人間に適用できる結論をひきだすべきではない。人間は自然の法則に従わない能力をもっている。またこの能力をつかうのが正しいかどうかを判断する能力もあり、これが人間道徳のもっとも重要で解明されていない点となっている。しかし、だからといって別の世界で自然の意志をとらえてみることが興味深くないわけではない。知性の点で、人間のつぎに恵まれた地球上の住民である膜翅類の進化の中で、この自然の意志は一目瞭然である。それははっきりと種の向上をめざしている。しかし同時に言えることは、自然の意志はその向上を、個に特有の自由や権利や幸福を犠牲にすることでしか得ようとしなかった、あるいは得ることができなかった、ということである。社会が組織され発達するにつれて、それぞれの個的な生活はどんどんその範囲を狭めていくことになった。どこかに進化があれば、それはかならず個の利益が全体のためにしだいに徹底的に犠牲にされることで得られるものだった。まずはじめに各自が独立行為という悪徳をあきらめなければならない。蜜蜂文明の直前の段階にマルハナバチがいるが、それはちょうど人類において食人種が位置しているところと似ている。マルハナバチの働蜂は成虫になるとたえず卵のまわりをうろつき、それを貪り食おうと虎視眈眈とうかがっている。そのため母蜂は精いっぱい卵を保護しなければならない。このもっとも危険な悪徳から解放されると、ますます耐えるのがいやになるようなかずかずの美徳をそれぞれが獲得していかなければならない。飼育蜜蜂が永遠の貞潔を守って生きるのに対して、マルハナバチの働蜂は愛を断念するなどという考えを知らない。しかし蜜蜂が生活の安定や安全、巣の建築学的、経済的、政治的完璧さとひきかえに、あきらめなければならなくなったもろもろのことについてはいずれ検討することにしよう。また膜翅類のおどろくべき進化については、種の進化の章でもういちどとりあげたいとおもう。

★1――さらにカビーとスペンス共著の『昆虫学入門』のなかの論文をあげることができるだろうが、これはあくまで専門的な論文である。

★2――「観察用の巣箱」とは、黒いカーテンか鎧戸のついたガラス張りの巣箱のことである。いちばん良いのは巣板をひとつしかもっていないものである。そうすれば両側から観察できるからである。外部への出口のついたこのような巣箱を居間や図書室に置いてもなんの危険も支障も生じない。パリにある私の書斎の巣箱に棲んでいる蜜蜂などは、生活し繁栄していくだけのものを、大都会の石の砂漠のなかでちゃんと収穫している。

2 章

分封（巣別れ）

抗しがたい魅惑の時、分封、それは蜜の祭典、
種族と未来の勝利、そして犠牲への熱狂である。

私たちの選んだ巣箱の蜜蜂は、こうして冬の眠りから目醒めはじめたところだ。女王蜂は二月の初めからふたたび産卵にはいっている。働蜂はアネモネ、ムラサキ、ハリエニシダ、スミレ、柳、ハシバミの花々を訪れる。そして大地に春が浸透する。穀物倉庫や貯蔵庫には蜜や花粉があふれ、幾千匹もの蜜蜂が毎日のように生まれてくる。肥って重そうな雄蜂はおおきな巣部屋から出て巣板のあいだを駆けめぐる。そして繁栄しすぎた都市の混雑ぶりは、夜になって花からもどるのが遅れた働蜂が数百匹も泊るところを失って、巣門のところで夜をすごすはめになり寒さのために死んでしまうほどである。

そんな中で不安が全住民を動揺させて、古い女王蜂は落ち着きをなくしてくる。彼女は新しい運命が準備されているのを感じている。女王は産卵蜂としての務めをよくまっとうしてきた。そして務めを終えたいま、でてくるものは悲しみと苦難ばかりになってしまった。克服することのできない力が彼女の安らぎをおびやかしている。支配してきた街をもうじき去らねばならないのである。その街こそ彼女の産みだした成果であり、彼女のすべてといってもいいものなのに。女王蜂はけっして人間的な意味での女王ではない。命令をくだすわけではなく、むしろ仮面にかくれたみごとなまでに賢いひとつの力に、一介の臣下と同じように、仕えているにすぎない。その力がどこにあるかはこれから見ていくことにして、それまではそれを「巣の精神」と呼ぶことにしよう。いずれにせよ、女王蜂がその巣の産みの母であり、愛のただひとつの器官であることにかわりはない。巣を不安定と貧困のうちに創りあげてきたのは女王蜂である。またみずからの血肉をもって街の人口の再充塡をはかってもきた。そして街をにぎわしている者は、働蜂、雄蜂、幼虫、蛹、そして若い王女たちを問わず、いずれも彼女の腹を痛めてできたものばかりなのである。それなのに若い王女たちの間近な誕生は、彼女自身の出発を早めることを意味し、そのうちの一匹は彼女の位を種の不滅の理念において早くも受け継いでしまっているのだ。

II

「巣の精神」、それはどこにあり、またどのような者のうちに具現されているのだろうか。それは、巧みな巣づくりをしたり、移動の日がめぐってくれば、どこかほかの地をめざす鳥類の特別な本能とは似ていない。と言っても、ただ盲目的に生きることだけを求め、それまで慣らされてきた一連の現象が、おもいがけない状況によってかきみだされると、たちまちあちこちの角に頭をぶつけてしまう種の機械的な習性のようなものでもない。逆にそれは、どんな無理難題を主人から言われても、それをうまく活用してみせる頭のよい機敏な奴隷のように、全能な状況に一歩一歩対処していこうとするのだ。

巣の精神は、容赦することはないが同時に控え目なやり方で、ちょうど偉大な義務に従っているとでもいうように、この翅をもった民族全員の富と幸福、自由と生活を、自由自在に導いてゆく。それは毎日のように出産の数を調整し、野を明るく照らしている花々の数にそれを厳密につりあうようにとりはからう。またそれは女王蜂に廃位や出発の必要性を告げ、競争相手を産むよう強制する。そしてその競争相手たちを女王蜂になるにふさわしく育て、産みの母の政治的な憎悪から守ってやり、そしてそのうちの最年長のものが、女王の歌をうたっている他の妹たちを、ゆりかごの中で殺してよいかどうかを決定する。この決定は、さまざまな色の花の萼がどれだけ蜜を提供してくれるか、春になってどれだけ日がたったか、そして結婚飛翔でどれくらい危険がありうるかによって決まってくる。その他の場合、たとえば季節がすすみ、花の咲いている時間が短くなってくると、それは女王交替の革命を中断させ、仕事の再開を早めるために、働蜂に対して女王蜂の全後継者を殺すよう命じさえするのだ。

この巣の精神は用心深く倹約精神に富んでいるが、けっして吝嗇というわけではない。たとえばそれは、愛にかかわるすべての贅沢でばかげた自然法則を充分心得ているらしい。だからこそ、夏の豊かな日々のあいだ、そそっかしくて不器用で、意味もないのに忙しそうなふりをし、気取り屋で破廉恥にも無為をむさぼり、やかましいばかりで大食漢、おまけに下品で不潔、貪欲で図体ばかり大きな、三百から四百にものぼるあの雄蜂の足手まといな存在を許しておけるのだ。というのも、これから生まれてくる女王蜂はそんな中から自分の愛人を選ばなければならないからだ。ところがそれも女王蜂が受胎をすませ、花の開くのがおそくなり閉じるのがはやくなるころになると巣の精神は、ある朝平然と彼らのいっせい皆殺しを宣告する。

また巣の精神はそれぞれの働蜂の仕事をとり決める。年齢に応じて各自の業務を割りふるのであるが、そのうちわけは、幼虫と蛹の世話をする乳母、女王蜂に必要なものを整え、けっして女王蜂のことを忘れない侍女、翅をばたつかせて風をおこし、巣を冷やしたり暖めたり、水をふくみすぎた蜜の蒸発をはやめたりする送風係、建築係、石工係、蜜蠟づくり、列をなして巣板をつくる彫刻係、蜂蜜にするための花蜜や、幼虫と蛹の栄養になる花粉や、街の建物の隙間をふさぎ強化する蜂蠟や、一族の若者に必要な水や塩などを集める採集係、といったぐあいだ。また、その針で蟻酸を注入しそれによって蜜の保存を確かなものにする化学者、宝が熟したらそれを納めている巣部屋に封をする蓋づくり、通り道や公共広場を細心の注意をはらって清潔にたもつ掃除係、屍骸を遠くへもち去る屍体運搬係、入口の安全を日夜監視し、往き来する者を検問し、若者の初めての外出を認め、放浪者や浮浪者や掠奪者をおどし、闖入者を追い払い、おそろしい敵には集団で襲いかかり、必要とあれば入口をふさいでしまう衛兵係などにも、その務めを命ずる。

そして最後に、種の守護神に対する一年の大犠牲――つまり分封のことである――をとりおこなう時期を定めるのも巣の精神なのである。このとき、一族全体は繁栄と力の頂点に達しているにもかかわらず、突然、未来の世代のためにそのあらゆる富、宮殿、住居、苦しみの成果をなげうち、どこか遠くの新しい祖国であえて不安定な窮乏生活を送ろうとするのである。これこそ、意識的であるかどうかにかかわりなく、人間的道徳を超えた行為というべきである。巣の精神は、都市の繁栄よりも貴い掟に従うために、しばしばしあわせな街をばらばらに壊したり、貧困化させてしまう。そればかりかその街を荒廃しつくしてしまうことすらある。この掟が人が信じているように宿命的でも盲目的なものでもないことはいずれ見ることになろうが、それにしてもこの掟はどこで発布されるのだろう。巣の精神、それには全員が従い、またそれ自身ひとつの英雄的な義務や、いつでも未来に向ったひとつの理性に従っているのだが、それではその精神はいったいどんな集会、どんな議会、どんな共同の場に席をもっているのだろうか。

この世のたいていのことに言えることがここでも蜜蜂について当てはまる。つまり私たちは蜜蜂のいくつかの習慣を観察し、それからつぎのように言うのだ。

「蜜蜂はこれこれのやり方で働き、女王蜂はこうして生まれ、働蜂はいつまでも処女で、巣はこれこれの時期に分封する」――と。

ところがこれでもう蜜蜂のことはわかったつもりで、それ以上を求めようとしない。また私たちは蜜蜂が花から花へ忙しそうに飛びまわるのを目にし、巣のざわついた往来を観察する。するとその生活はいかにも単純にみえ、他の動物同様、食欲と生殖本能だけに縛られているようにおもわれるのだ。しかし実はもっと眼を近づけ理解しようと努めなければならない。そうすれば、もっとも自然に見える現象のおそるべき複雑さや知性や意志や運命や目的や手段や動機などの謎、また生命のどんな小さな活動にも秘められている不可解な組織に接することができるのだ。

III

このように、蜜蜂の巣の中では、分封という、要求の多い種の神々への大いなる犠牲が準備されている。蜜蜂国家の「精神」は私たち人類の全感情、全本能とまさに正反対であるため、とても説明できないもののようにおもわれる。しかしその精神に従って、全人口の八、九万のうち六、七万もの者が、定められた時期に生まれ故郷の都市を捨てていく。しかもその出発は巣が不安定な時期におこなわれるのではない。彼女たちは飢饉や戦争や疫病によって荒廃した祖国のことを、急に思い立ってこわごわと逃げだすわけでもない。まさにその逆であって、亡命は長いあいだ考え抜かれ、都合のよい時期がくるまで忍耐強く待たれるのだ。巣が貧しかったり、女王一家の不幸や悪天候や掠奪などに苦しめられているとき、蜜蜂はけっして巣を捨てはしない。幸福が頂点に達し、夢中で働いた春の仕事が終わり、一二万のきちんと並んだ巣部屋をもつ巨大な宮殿が、新しい蜜や、幼虫や蛹を養うための「蜜蜂のパン」と呼ばれる虹の粉であふれたとき、初めて巣を離れるのである。

この英雄的な放棄の前夜ほど、蜜蜂の巣が美しくみえるときはない。それは巣にとってみれば豊饒と歓喜にみちあふれた比類のない、活気を帯びた、熱に浮かれたようなところもあるが、おおむね平穏な、絶頂期にあたっている。ここで少しそんな巣の状態を思いえがいてみよう。むろん、蜜蜂が見るとおりというわけにはいかない。私たちには、側面についた六、七千もの複眼や額についた巨大な三重の眼に、諸現象がどのような不思議な形で映るのか、想像することもできないからである。したがってここでは、私たちが蜜蜂と同じ大きさになったときに見える外界のようすを想像してみることにしよう。

ローマのサン・ピエトロ大聖堂よりも大きなドームの頂きから地面まで、蠟製の巨大な壁が幾重にも平行になって垂直におりている。それらは闇と虚空の中に吊り下げられ、差異は認めるにしても、その正確さ、大胆さ、途方もなさにおいて、どんな人間の建造物にも比肩しようのない幾何学的建築物である。

その壁をつくっている物質はまだ新鮮、清浄で銀色に輝き、しみひとつなく香気にあふれている。各壁は数千の巣部屋からできていて、一族のすべてを数週間は養えるだけの食糧を貯えている。ある場所には、春の花々の愛の種にほかならない花粉の赤や黄や薄紫色や黒など色鮮やかな斑点が、透明な巣部屋に積み重ねられている。そのまわりには、よく透きとおった香り豊かな四月の蜜が、かたく動かない襞の入った長い豪華な黄金の織物となって、二万の貯蔵部屋の中にすでに眠っている。そしてそれらは、ぎりぎりの苦境にならないかぎりに破られることのないように密閉されている。その上では五月にとれた蜜が、封印のされていない大きくあけ放たれたタンクの中で、熟成しているところだ。そして、そのそばでは用心深い一群がたえず風を送っている。たったひとつの入口からダイヤモンドのきらめきとなってさしこんでくる外光の届かない中央部、つまり巣のもっとも暖かな部分には、未来を背負ったものたちが寝起きしている。そこは女王蜂と侍女たちのために当てられた「蜂児房」という王属領である。二万の部屋に卵が眠り、一万五千から一万七千の部屋が幼虫で占められ、四万の巣部屋には、数千の乳母が世話する白い蛹の棲み家となっている。★1 この領域の至聖所には、若い王女たちの住まいとなる、ひじょうに大きな王台が、三つ、四つ、六つ、ないしは一二もある。彼女たちは一種の経帷衣に包まれて、闇の中で養われながら青白い姿でじっと時期の到来を待っている。

IV

さて、「巣の精神」に定められた日がくると、確固不動の法則によって、厳密に選ばれた一部の群れが、まだ形をなしていない希望あふれる未来の者たちのために席をゆずる。眠りにはいった街には、女王蜂の恋人を選ぶための雄蜂、卵の面倒をみるためのまだ若い雌蜂、そして、いままでどおりに遠くまで獲物をとりにでかけたり、貯えられた宝物をまもったり、巣の道徳的な伝統を維持したりするための数千の働蜂が残される。どの巣にもそれぞれ特別な道徳があり、それを受け継いでいかなければならないのである。巣によって、高潔なものもあれば、堕落したものもある。養蜂家はうっかりすると群れをだめにしたり、隣りの群れのものを尊重することを忘れさせてしまったり、掠奪にかりたてたり、まわりの共和国におそれられるような征服と怠惰の習慣を植えつけてしまったりすることがある。たった一滴の蜜をつくるにも、遠くまで花の咲いている野原を求め、数百もの花を飛びまわらなければならない。ところが蜜蜂に、富を得ようとおもえばこれが唯一の方法でも、もっとも簡単な方法でもなく、見張りのしっかりしていない街に不正侵入したり、力にものをいわせて防衛力の弱い街に押し入ったりするほうがてっとり早いという体験を味わわせてみるとよい。すると蜜蜂は輝かしく、また厳しい義務の観念を失ってしまうだろう。蜜蜂が花から花へと飛びまわり、まるで奴隷のように花冠の前にかしづくのも、この義務の観念がさせているのである。それは蜜蜂と花との結婚を想わせるような自然の調和をかたちづくる。一度巣を退廃させてしまえば、それを正道に戻すことは並たいていのことではない。

V

分封を決めるのが女王蜂ではなく巣の精神であることは、あらゆることから見てまちがいない。人間社会をおさめている人にも言えることが、女王蜂の場合にも言える。彼らは一見命令を下しているように見える。けれども本当は彼ら自身、臣下にあたえているよりはるかにおしつけがましい、また説明できない命令に従っているのである。巣の精神がいったん分封の時期を決定すると、その決定は出発の明け方、おそらくは前日か前々日に住民に知らされると見なければならない。なぜなら、陽の光が朝の最初の露を乾かすか乾かさないかのうちに、うなり声の響きわたる街のまわりが早くもつねならぬ興奮に包まれているのが認められるからだ。養蜂家ならこの興奮状態を見誤ることはまずありえない。ときに群れがなにかと葛藤し、また躊躇し、後ずさりしているように見えることさえある。実際、黄金色のすきとおった不安が理由もなく湧きおこったり静まったりするのが数日も続くことがある。私たちには見えないが蜜蜂には見えるなんらかの翳りが空に浮んだのだろうか。それとも、蜜蜂の知性の中に未練が湧いてきたのだろうか。なにか会議でも開いて出発の必要性についてかしましく議論しあっているのだろうか。私たちには皆目見当がつかない。おなじようにどうやって巣の精神が出発の決定を民衆に知らせているのかも、いっさいわからない。つまり蜜蜂がお互いにコミュニケーションをしていることは確かだとしても、人間とおなじやり方で伝達しあっているかどうか、という点になるとはっきりしたことが言えない状態にいるのである。蜜蜂飼育者にとってもっとも甘美な歓びとなっている、あの蜜の香のただようようなり声、あの夏の日盛りに酔ったようなざわめき声、つまり時の結晶の中で、養蜂所界隈を昇ったり降りたりしているあの労働の祭典の歌声、まるで咲き誇る花々の歓喜のつぶやきか、幸福の讃歌か、甘美な香のこだま、あるいは白いカーネーションやタテジャコウやマヨラナの声ででもあるかのようなあの歌声を、蜜蜂が実際に聴いているのかどうかはよくわかっていない。たしかに彼女たちは、深い歓びから威嚇や怒りや苦悩にまでわたる幅広い一連の音階をもっていて、それは私たちにも聴きわけることができる。そこには女王蜂への頌歌もあれば豊饒を祝うリフレインもあり、また苦しみの讃美歌もあるし、若い女王蜂が、結婚飛翔に先立つ闘争と虐殺のさいに発する、長い神秘的な雄叫びもある。これらは彼女たちの内心の沈黙とかかわりなく発せられる偶然の音楽にすぎないのだろうか。いずれにせよ確実に言えることは、私たちが巣のまわりでどんな音をたてても、彼女たちがそれに惑わされることはない、という点である。しかし彼女たちがその音を自分たちの世界に属するものではなく、自分たちにはなんの関係もないと判断したためかもしれないのだ。たしかに私たちの方こそ、蜜蜂が語っているごくわずかの部分しか聴きとっていないのかもしれないし、彼女たちがかずかずの和音を響かせているのに、私たちの器官はそれをきちんと知覚するようにできていないのかもしれない。いずれにせよ蜜蜂が、ときとして驚異的な速さで相互に理解し、協調しあうことは、いずれ検討することになるだろう。たとえば蜂蜜の大掠奪者、巨大なメンガタスズメ（*Acherontia atrops*）という背中に人間の頭骸骨のような斑紋をもっている不吉な蛾がキューキューという特有の抑えがたい一種の呪文を唱えながら巣に侵入するときなど、そのニュースはたちまちひろまり、入口の衛兵から最深部の巣板ではたらいている最後の働蜂にいたるまで、一族全員が震えおののくほどである。

VI

ふだんあれほど節約家で控え目で用心深く賢明な蜜蜂も、このような不安定な生活にとびこむために自分の王国の宝をあたら捨てて顧みないという点では、結局、宿命的な狂気や機械的な衝動、種の方法、自然の意志、つまりどんな生物にとっても流れていく時間の中に隠されているあの力に従っているにすぎないと、長いあいだ信じられてきた。

しかし、蜜蜂ばかりでなく人間にもいえることだが、私たちは、まだわからないことを、なんでもかんでも宿命と呼んですましてしまいがちだ。今日では、巣の物質的な秘密が二、三、解明されたおかげで、この集団移民がけっして本能的なものでも不可避なものでもないことが確認されている。それは盲目的な移民ではなく、現在の世代から将来の世代への充分考え抜かれた犠牲的行為というべきものなのである。たとえば養蜂家が、まだ動きの鈍い女王蜂を巣部屋の中で絶滅させてしまい、幼虫や蛹の数が多すぎる場合は、あわせて蜜蜂国家の倉庫と共同寝室をふやしてやる。そうすると、たちまち蜜蜂の不毛な分封騒ぎは、素直な黄金色の雨滴のように、完全におさまり、いつもの仕事がまた花々の上にくりひろげられるようになる。そしてふたたび、なくてはならない存在となった古い女王蜂は、もう後継者を望んだりおそれたりする必要もなく、今後の活動に関しては安心して陽の光をもう一度拝む計画はすくなくとも年内は中止する。こうして彼女は闇の中で、巣部屋から巣部屋へ、なにひとつ省略することなく、またけっして休むことなく、整然と螺旋状に進みながら、一日二千から三千の卵を産むという母親としての努めを、心静かに再開することになるだろう。

現在の種の将来の種への愛、という中には、どんな宿命的なものがあるのだろう。このような宿命なら人類にもあるが、その強度と範囲において蜜蜂の場合とは較べものにならないくらいに小さなものである。人類において宿命は、これだけ完全な、また衆議一決した大きな犠牲を産みだすことはありえない。では、それにかわるどんな先見性をもった宿命にわれわれは従っているのだろうか。われわれには知るべくもないし、またわれわれが蜜蜂を眺めるのとおなじように、われわれを眺める生物を知っているわけでもないのだ。

VII

私たちが先に選んだ巣の歴史には、人間の妨害の手がまったくくわわっていない。木々の下に静かな、だが、すでに輝かしい足取りで進んできている美しい日盛りの充分に湿気をふくんだ熱気が出発の時期をせかしている。平行な壁と壁のあいだを走っている黄金色の回廊では、上から下まで、働蜂が旅じたくを完了しようとしている。まずそれぞれが、五、六日分は充分にもつ蜜のたくわえを背負う。彼女たちの運ぶこの蜜から、まだその化学作用ははっきり説明できないが、建物をすぐ建てるために必要な蠟が分泌される。そのほか、新居の割れ目をふさいだり、ぐらぐらしたものを固定したり、仕切り壁にニスを塗ったりあるいは外光を完全に遮断するための一種の脂《やに》となるいくらかの蜂蠟を携行する。光を遮断するのは働蜂がほとんどまっ暗闇で仕事をするのが好きだからである。蜜蜂には、その複眼をつかったり、闇を触知し測定するための未知の感覚が備わっていると考えられる触角をつかって、この闇の中を進んでゆく。

VIII

蜜蜂は生涯のもっとも危険な日の冒険に備えて心構えをしておくことを知っている。実際当日になってみると、大事業につきまとう心配事や想像を絶するような危険ばかりに心を奪われ、庭や野原を訪れる余裕がないかもしれない。また翌日や翌々日には、風雨に見舞われたり、寒さに翅が凍えてしまったり、花が開かない事態も考えられる。したがってこうした予測をしておかなかったなら、飢餓や死が訪れていたかもしれないのだ。だれも助けに来るものはいないし、彼女たちにしても助けを求めたりはしないだろう。別の都会に属している蜜蜂同士は、互いにけっして知り合おうとしないし、助け合うこともまったくない。養蜂家はときに、分封をすませたばかりの女王蜂とその取り巻きの蜜蜂の棲む巣を、たったいま離れてきたばかりの住まいのすぐそばに置いてみることがある。すると彼女たちはどんな災厄に襲われても、以前の平和や、苦心の末に得た幸福や莫大な富や安全をまったく忘れ去ったとでもいうように、自分たちの過去に培ってきた労働の香にほかならない豊饒の香気が悲惨の渦中にいる彼女たちまで届いていても、生まれ故郷に帰るのを潔ぎよしとせず、むしろ全員が最後の一匹に至るまで、不幸な女王蜂のまわりで寒さと飢えのために死ぬことの方を選ぶのである。

人間ならこんなばかげたことはしないだろう。これこそ蜜蜂が、すばらしい組織をもっているにもかかわらず、本当の知性も良心ももちあわせていないことを如実に示している事実だと人は言うかもしれない。だが私たちがなにを知っているというのだろう。他の生物においても、われわれとは性質のちがう知性があり、われわれにけっして劣らない結果を生みだしているというばかりではない。なによりわれわれが、人間という小領域から抜け出さないで、精神的なことがらについてそれほど口幅ったいことの言える判定者かどうか、おおいに疑わしいのではないだろうか。たとえば窓の向うに二、三人の人がいて、なにをしゃべっているのか聞こえないが、なにか話し合い討論し合っているようすを考えてみるがよい。その場合でも、彼らを導いている思考を見抜くことは至難の技といってよい。ましてや火星人か金星人が、山の頂きかどこか遠くから見たときのわれわれの姿にほかならない黒い小さな点々が、街路や広場を往来しているようすを目撃したと想像してみよう。その異星人はわれわれの動きや建物や運河や機械を目にして、知性や道徳や愛や考え方、希望のもち方、ようするにわれわれの真の内面的な存在について正確な観念をいだきうるだろうか。せいぜい私たちが蜜蜂の巣についておこなったように、いくつかの驚くべき事実を確認し、おなじように当てにならない誤った結論をひきだすのが関の山であろう。

いずれにせよ、この異星人は蜜蜂の巣において、あれほどはっきり現われていた偉大な道徳的指向や全員一致のすばらしい意識などを、われわれ黒い小さな点々の中に見つけることに苦労するだろう。そして彼は何年か、あるいは何世紀か、われわれを観察したのちつぎのようにつぶやくことだろう。

「彼らはどこに行こうとしているのだろう。そしてなにをしているのだろう。彼らの中心地はどこで、人生の目的はなんだろう。なんらかの神に従っているのだろうか。彼らの足取りを導いているものがさっぱりわからない。ある日、小さなものを建てたり積み上げたりしたかとおもえば、つぎの日には、それをぶち壊してこなごなにしてしまう。どこかへでかけたとおもえば、また戻ってくる。集まるかとおもえば散らばる。いったいなにを望んでいるのか。彼らはたくさんの説明のつかない光景をくりひろげて見せてくれる。たとえば一部の連中は、まったく動かないといってよい。その連中は毛艶が他の者よりいいのですぐわかる。それにたいてい他の者より肥っている。そして普通の住まいより一〇倍も二〇倍も広く、きちんと整えられた立派な建物に住んでいる。そこで彼らは毎日、何時間もかけて、ときには夜ふけになるまで食事を摂っている。この連中に近づく者はみな彼らを尊敬しているように見える。そして食物を運ぶ者は近くの家から通い、なかには贈物を届けに辺鄙な片田舎からでてくる者さえいる。だからこの連中が不可欠な存在であることは確かで、なにか種に必須な務めを果していると信ずべきなのだが、残念ながら、われわれの研究方法ではその務めの性質を正確に認識することにはいまだに成功していない。

そうかとおもえば、旋回する歯車がぎっしりつまった大きな小屋や、薄暗いあばら屋や、港のまわりや、明け方早くから夕暮れまで掘り返している小区画の土地の上で、一日中つらそうに動きまわっている連中もいる。この多忙さがなにかの罰であることは、あらゆることからみてまちがいなさそうだ。というのもこの連中は、不潔で荒れ果てたせせこましい小屋に住むことを余儀なくされているからだ。それに着ているものも色彩にとぼしいものばかりである。彼らの有害な、あるいはすくなくとも無駄な仕事にかける情熱たるや、ほとんど眠る時間も食事の寸暇も惜しんでいるようなありさまだ。この連中と先にのべた連中との数は比較していうと、千対一くらいだろう。これはどう考えても発展するには不都合だとおもわれるが、にもかかわらず彼らが今日まで種を維持できたことは、みごとの一語につきる。また、この後者の連中はあのつらい活動にかける特徴的な偏執を別にすれば、おおむね無害でおとなしそうなようすをしていること、そしてあきらかに種の番人であり、おそらくは救済者でもあるにちがいない前者の連中の、残飯で満足しているという事実もつけくわえておいた方がいいかもしれない」――と。

X

これと同じように別世界の高みから眺めてみたにすぎないのに、蜜蜂の巣の場合には、最初に視線を投げかけただけで、はやくも私たちに確実で深遠な答えを返してくれるということは、驚くべきことではないだろうか。その自信にあふれた建造物、その習慣、法律、経済的、政治的組織、その美徳、そしてその残酷ささえもが、蜜蜂が奉仕している理念や神がなんであるのかを、たちまちにして私たちに理解させるということはすばらしいことだと言えないだろうか。その神とは、私たちがいまだにまじめに崇めたことのない唯一の神、しかしおよそ正当性にも合理性にも欠けると断言するわけにもいかないような神、すなわち「未来」である。私たちはときどき人類の歴史の中で、一民族や一人種の能力や道徳的な大きさを評価しようとする。そのとき私たちは、その民族の追求している理想の持続力や規模、そして人々がその理想の実現のために払う自己犠牲の大きさ以外に、評価規準がないことを発見する。それなら大宇宙の要求にこんなに合致している理想、これほどまでに断固たる理想、これほどまでに厳そかな、無償の、そして明白な理想に、私たちはお目にかかったことがあっただろうか。またこれほど完全な、これほど英雄的な自己犠牲に出会ったことがあるだろうか。

XI

あれほどまでに合理的で誠実で、積極的で綿密で、つつましい共和国よ、それでいてばかでかく、はかない夢の犠牲になってしまう奇妙な小共和国よ。あれほど決然として深遠な小民族よ、熱や光や、自然の中でもっとも純粋なものである花の魂、すなわち物質のみせるもっとも目立った頬笑み、物質の幸福と美へ向おうとするもっとも感動的な努力とに養われている小さな民よ、いったいだれが私たちに教えてくれるのだろう、おまえたちがもう解決しているのに、私たちがこれから解決していかなければならない問題や、おまえたちがすでに獲得していながら、私たちがまだ手にしていない確信のことを。また、もしおまえたちがそうした問題を解決したのも、そうした確信を得たのも、知性のおかげではなく、なにか原始的で盲目的な衝動のおかげであるというのが事実なら、なんという一層解きがたい謎へと私たちを赴かせることになるのだろう。

信仰と希望と神秘とに満たされた小都市よ、なぜおまえたちの十万にのぼる処女たちは、人類のどんな奴隷でも引き受けたことのないような苦役を受けいれるのだろうか。もう少し労力を惜しみ、自分自身をおろそかにせず、苦役に情熱的に取り組まなければ、彼女たちだってもういちど春の日を拝み、二度目の夏にふたたびまみえることができるであろうに。それなのにすべての花々が呼び声をあげているすばらしい時期に、彼女たちは死に至らしめるほどの労働にまるで酔いしれ、翅は折れ、身は傷だらけの無残な姿となって、五週間もしないうちにほとんどが死んでしまうのである。

Tantus amor florum, et generandi gloria mellis,
(蜜蜂の花への愛はかくも強く、その蜜をつくることに対する誇りはかくも大きい)

とウェルギリウスは「農耕詩《ゲオルギカ》」の中の蜜蜂に捧げられた第四の歌において謳いあげている。こうして彼は、まだ空想の神々の存在に眩惑された眼で自然を観察していたころの古代の人々の魅力的な誤解を伝えている。

XII

彼女たちはなぜ、兄弟にあたる蝶なら知っているだろう安眠や蜜の歓びや愛や、すばらしい余暇を断念してしまうのだろう。蝶のようには生きられないのだろうか。この場合彼女たちをせきたてているのは飢えではない。身を養うためだけなら、ふたつか三つの花があれば充分なのに、彼女たちは自分自身けっしてその甘さを味わうことのない宝を蓄積するために、毎時間二、三百もの花を訪れる。こんな苦しい思いをして、いったいなにになるのだろう。なぜこんなに保証がいるのだろう。それに、おまえたちがそのために死のうとしている次の世代とは、本当にこれだけの犠牲に値する存在なのだろうか。その世代はまちがいなく、おまえたちより美しく幸福になれるだろうか。あるいはおまえたちが果せなかったなにかを、つぎの世代がやってくれるだろうか。

だが、子供じみた夢想家のように、無益な質問ばかりおまえたちに発している私たちの方こそ、ためらいと錯誤の中で苦しんでいる存在なのかもしれない。しかし、たとえおまえたちが進化に進化をかさねて全能の存在となり至福を獲得し、至高の高みから自然の法則を見おろすようになったとしても、またおまえたちが結局不滅の女神になってしまったとしても、なお私たちはおまえたちに質問をし、なにを望んでいるのか、どこへ行こうとしているのか、どこまで行けば立ち止まり、もうなにも望むものがなくなったと表明することができるようになるのか、たずねずにはいられないだろう。これで満足したとわれわれに言わせることのできるものなどなにひとつとしてないのである。またなにものも自己の内部に目的をもっているとわれわれには思えない。そしてなにものもなんの深慮遠謀もなしに単純に生きているとはみえない。私たち人間はこのようにできているらしい。たとえば私たちはさまざまな神々を想像し、その中には下等このうえない神もいれば、最高の理性をそなえた神もある。けれども私たちが、その神をただちに活動させることをせずに満足したり、多数の生き物や事物を創造するよう強制せず、神自身の能力すら超えたような多くの目標もあたえずにいられたことが一度でもあっただろうか。また物質活動の興味深い一面をすこしのあいだ、冷静に描くだけで満足し、あとは物質活動の無意識な、未知な、眠った、永遠の側面に、なんの未練も驚きも感じることなく戻ってしまうなどということに私たちが甘んじられたことが、かつてあっただろうか。

XIII

さて、分封の群れがしびれを切らして待っているはずの私たちの巣を忘れてはならない。いまや巣は沸騰し、黒々とした震動する波であふれ、まるで太陽の熱にあぶられてよく響く壺といったところだ。いまは真っ昼間である。そして熱気につつまれたあたりでは、寄りそった樹々が、まるで甘美ではあるが重大な事態をまえにしてじっと息をひそめるように、その葉をことごとくひそめている。蜜蜂は世話をしてくれる人間に対して、蜜と香り高い蜜蠟とを提供する。けれども蜜や蜜蠟より、おそらくはもっとすばらしいものをあたえてくれているのだ。それは彼女たちが六月という季節の歓びに人間の注意をひきつけてくれることであり、また彼女たちが人間に美しい月々の調和を味わわせてくれることであり、さらに蜜蜂のかかわる出来事はどれも澄んだ空や、花の祭典や、一年のもっとも幸福な季節に関連しているということである。蜜蜂は夏の魂そのものなのである。それは豊饒の時を刻む大時計であり、軽やかに翔びまわっている芳香の、敏捷に動く翅である。そしてそれは舞い踊る光線の英知、ゆらめく光りのささやき、またながながと寝そべり安らいでいる大気の歌でもある。彼女たちの飛んでいる姿、それはまさに、熱から生まれ、光りの中で育つ無数の小さな歓びのひとつひとつ、眼にみえる徴し、あるいはまたその確信にみちた音符なのである。自然の心地良い時節のもっともひめやかな声を、あの蜜蜂たちが理解させてくれるのだ。一度でも彼女たちを知悉し、また愛したことがある者なら、蜜蜂のいない夏が、鳥や花がいないのと同様に、じつに味気なく充ち足りなく感じられるにちがいない。

XIV

たくさんの住民をかかえた巣の分封は、耳を聾するばかりの混乱をきわめた一事件であり、それをはじめて目撃した人はいささかたじろいで、不安とともにしか巣に近づいていけなくなる。彼にはこつこつと働いていたころの、あのまじめでおとなしい蜜蜂をもう認めることができない。ついさっきまで彼は、四方八方の田園から帰ってきて、まるであの家事に没頭したきり他のことがなにも目に入らなくなる小ブルジョワ階級の婦人たちのように、忙しそうにたち働いている蜜蜂を目にしてきた。そのころは働蜂もほとんど気配を感じさせないで巣に戻ってきたものだ。たしかに精魂をつかい果し息を切らしていたし、せかせかと興奮もしていたが、その態度は控え目で巣に入るとき、門衛蜂から軽く触角による会釈を受けて巣門をくぐったものである。それから、たぶん欠かせない言葉なのだろうが、ぜいぜい二言、三言、会話を交しながら蜜の収穫を工場の中庭に陣取っている若い運搬蜂に急いでわたす。あるいは彼女たち自身、蜂児房のまわりの広い穀物倉庫まで出向き、腿のところにひっかかっている花粉入りのふたつの重い籠を置いてゆくこともある。それがすむと仕事場や、蛹と王女の部屋でなにがおこっているかを気にかける余裕もなく、また暑さの盛りに養蜂家のイメージ豊かな表現によると、「ひげをそっている」ような通風蜂のおしゃべりにわきかえっている出入口前の広場の喧騒に、一瞬でもくわわるいとまもなく、すぐに表へとってかえしていたものである。

XV

ところが今日はそのようすが一変している。なるほどそこには、全体を覆っている陶酔感にも伝染されず、何事もなかったかのように落ち着いて野にでかけたり、戻ったりする者がいるし、いつものように巣を掃き清める者も、蜂児房のところまで登っていく者もいる。この連中は、女王蜂にはついて行かないのだ。そして古い住居を守ったり、置き去りになる一万の卵や一万八千の幼虫や三万六千の蛹や七、八匹の王女蜂の面倒をみたり養ったりするために古巣に踏み留まる連中である。この残留組も、厳格な務めを果すために選ばれているにちがいないのだが、それがどんな規則によっているのか、また、だれによってどのように決められているのかはわかっていない。彼女たちはそれを受け入れ、屈することなくそれに従う。これら忍従の「シンデレラ」たちは、いかにも真面目で落ち着き払った挙動によって、浮かれ騒いでいる民衆からひと目で見分けることができる。しかし、私はそれらのいくつかに着色染料をふりかけて見分けやすいようにして、その後の動きを追う実験を試みてみたが、彼女たちが分封の酔いしれた群れの中でみつかることはめったになかった。

XVI

それでも分封の魅惑は抗しがたいもののようだ。分封とは、おそらく無意識の神によって定められた犠牲への熱狂である。それは蜜の祭典、種族と未来の勝利なのである。ただ一度の歓びと忘却と狂気の日であり、またとない蜜蜂の日曜日なのである。またそれは、自分が蓄えてきた宝物の甘さを腹一杯になるまで食べ、満喫するまで味わいつくすことのできる唯一の日でもあるかもしれない。彼女たちのようすはまるで陽気な国に突然運ばれた囚人のようだ。このように彼女たちは有頂点になり、われを忘れる。それまで曖昧な無駄な動きをけっしてすることのなかった彼女たちが同胞《はらから》を興奮へと誘い、女王蜂の準備が整ったかどうかをうかがい高まる期待感を紛らわすために行ったり来たり出たり入ったり、また出直したり落ち着かない動作をくりかえしている。そしていつもよりもはるかに高くまで飛びあがり、巣のまわりで大木の葉ずれのような音を響かせる。さて、こうして不安も気がかりの種もなくなる。このときの蜜蜂は、すでにいつものように獰猛でも怒りっぽくもなく、攻撃的でも御しがたい存在でもなくなる。人間は蜜蜂の、それと認められていないかくれた主人である。とはいえ、ふだんの彼女たちは、自分の労働の習慣に従い、その法則をすべて守り、未来の幸福をめざす知性が生活の中で描く軌跡——それはなにものをもってしても、目標にまっすぐ向かおうとするその方向を狂わせたり、そらせたりすることができない——を一歩一歩たどってゆくことのできる主人でなければ従おうとはしない。ところがこのときばかりは、人間も彼女たちに接近し、まわりで響きわたっている黄金色の生暖い幕を引き裂き彼女たちを手に取り、果物の房をもぎとるように蜜蜂の房を摘みとることができるのだ。このときの蜜蜂はトンボかシヤクガの群れのように無害な存在となる。そしてこの日ばかりは彼女たちも幸福感にあふれ、無一物の気楽さを満喫し、未来を信頼しきっている。その未来を身中に秘めている女王蜂が引き離されないかぎり、どんなことにも従おうとするし、まただれにも危害をくわえようとしなくなるのだ。

XVII

しかし、本当の合図はまだ発せられていない。いま巣の中は、不可解な動揺と、なにを考えているかわからない混乱があるだけだ。ふだん蜜蜂は巣に帰ってからは翅をもっていることを忘れてしまう。完全に活動を停止してしまうわけではないにしても、巣に戻ってきた蜜蜂は各自、巣板の上の仕事の種類によって割りふられた場所にじっとしている。それがいま、狂ったように密集した輪をつくって、上へ下へと動きまわっている。そのようすはまるで見えない手でゆさぶられた練り粉のようだ。そして建物の蠟が柔らかくなって変形してしまうこともあるほど、内部の温度がいっきに上ってゆく。ふだんは中央の巣板から出ることのない女王蜂も狂ったようにあえぎながら、回転、反転している激しい群衆のまわりを駆けめぐる。この女王蜂の行動は出発を早めるためのものだろうか、それとも遅らせるためのものだろうか。彼女は群に命令を下しているのだろうか、それとも群に憐みを請うているのだろうか。おどろくべき興奮を拡めようとしているのだろうか、あるいはその興奮状態をなんとか耐え忍ぼうとしているのだろうか。蜜蜂の一般的な心理学について私たちの知っているところから判断すると、分封が古い女王蜂の意志に反しておこなわれるものであることは、確からしく思われる。娘である禁欲的な働蜂の目から見れば、女王蜂は、必要不可欠な愛の器官にちがいないが、女王蜂自身はその自分の役割にいくぶん無自覚であり、子供っぽい面を多分に残している存在なのである。だから娘たちは女王蜂を保護すべき母親として遇するのだ。娘たちは母蜂に対して、英雄的でかぎりない尊敬と愛情を注ぐ。特別に蒸溜され、ほぼ完全に消化できるもっとも純粋な蜜が女王蜂のためにとっておかれる。また、女王蜂は夜となく昼となく彼女の世話をやき、その母親としての仕事を円滑に実行させ、卵を産むべき部屋を整え、彼女をだいじに可愛がり、愛撫し、栄養をあたえ、その身体を清潔に保ち、ときとしてその排泄物を呑みこむのさえ厭わない取り巻き連、プリニウスの言葉によれば警固連を引き連れている。彼女にどんな些細な事故がおこっても、そのニュースはつぎからつぎへと伝えられ、民衆は躰をもみくちゃにぶつけあって嘆き悲しむ。たとえば人間が、女王蜂を取り除いたうえ、その代理を務められるものがだれもいないようにしてしまうとしよう。それには女王蜂が、あらかじめ定められた後継者を産んでいないときや、生後三日経っていない働蜂の幼虫が巣にいない場合が考えられる（なぜなら、生後三日以内の幼虫は特別の栄養さえあたえれば、どれでも女王蜂の蛹に変わることができるからである。これが、あらかじめ宿命を決定できるという母蜂の特権を補う巣の偉大な民主的原理となっている）。つまりこうした状況下で女王蜂を捕え、どこかに閉じこめるか、その住まいから遠ざけてしまうとしよう。こうして女王蜂の不在が確認されるや――ときに、その知らせが全員にゆき渡るのに、二、三時間かかることがある。それほど都市は広大なのだ――ほとんどいたるところで仕事がいっせいに中断されるだろう。そして幼虫はほったらかしにされてしまい、母蜂を求めてそこらをうろつく者もいれば、外にまで捜しに行くものもでてくる。巣板建設係の働蜂がつくっていた花づなは、無残に折られてぼろぼろになるし、採集蜂ももう花を訪れるどころではなくなる。また、入口の門衛蜂は職場を放棄してしまい、厳しく貯えてきた宝物はだれも守ろうとしないので、たえず好機にありつこうと待ち伏せにしている外部からの掠奪者や、あらゆる種類の蜜の寄生虫に自由に出入りさせる事態を招いてしまう。こうしてしだいに都市は貧しくなり、閑散としてくる。そして夏の花という花が、彼女たちの目の前で輝き咲いているのに、巣の住民たちはうちひしがれ、やがて悲しみとみじめさのために、息をひきとってしまうのである。

しかし女王蜂の不在が取り返しのつかない既成事実となってしまわない前に、つまり風俗の乱れがあまり深刻になってしまう前に（蜜蜂は人間と同じで、あまり不幸や絶望が長びきすぎると、知性などどこかへ行ってしまい、性格までおかしくなってしまうのだ）女王蜂を巣に返してみよう。するとそのとき彼女たちが女王蜂に示す歓迎ぶりはすばらしいものである。それは感動的とすらいえるものとなるのだ。全員が彼女のまわりに殺到し、群がり、互いに押しのけあいながら、まだ説明されていない器官をごまんと貯えている長い触角をつかって、擦れちがうときに彼女を愛撫し、蜜を贈り、王台のあるところまで騒々しい音をたてながら護衛してゆくのである。そしてただちに秩序が回復され、蜂児房のある中心の巣板から、剰余収穫物の積まれているもっとも遠い別館にいたるまで、あらゆるところで仕事が再開される。採集蜂は黒い列をなして戸外にでかけ、ときとしてたったの三分もたたないうちに花蜜と花粉を満載して帰ってくる。また掠奪者や寄生虫は追放または虐殺され、街路は掃き清められ、こうして巣の内部には、女王健在のひめやかな歌である、あの独特な幸多き歌声が甘く単調に響きわたるのだ。

XVIII

女王蜂に対する働蜂のこうした愛着や絶対的忠誠心の例は、枚挙にいとまがないほどにある。巣や巣板が墜ちてしまったり、人間の乱暴な、無知なふるまいとか、寒さや飢えや病気に襲われたりして、民衆が大量に死んでしまうことがあるが、しかしここにあげたようなどんな災害に小共和国が見舞われようとも、かならずといっていいくらい女王蜂は無事な姿をとどめているのである。人はこんなときよく、忠実な娘たちの屍体の下から生きている女王蜂をみつけたりするものだ。ということは、娘たちが全員で女王蜂を保護し、脱出を助け、自分の躰を張って防壁や避難所をつくり、もっとも健康によい食物と最後の一滴の蜜を女王のためにとっておいたということにほかならないのである。そして女王蜂が生きているかぎり、どんな災害がふりかかろうと、この「露を呑む乙女たち」の都市に失意の念がしのび寄ることはありえない。ためしに二〇回つづけて単板を壊してみてもよい。また二〇回つづけて子供や食物をとりあげてみてもよい。それでも彼女たちに未来を疑わせることはできないのだ。さらに群れが大虐殺にあったり飢饉に襲われたりして、敵の眼から母蜂を隠しておけないくらい小さな集団に減ってしまった場合でも、彼女たちはコロニーの規則を再編成し、もっとも差し迫ったことから片づけ、そして逆境時の変則的な必要に応じて仕事の分担を新しく決める。そして、このような場合にはたいていの生物が人間以上の勇気と信念を示すとはいえ、蜜蜂は自然界にこれ以上のものは見当らないというほどの忍耐と英知と一徹さをふりしぼって、すぐにも労働を再開するようになる。

じつを言えば、失意の念を遠ざけ愛情を保つためには、女王蜂がいることさえ必要ではない。ただ女王蜂が死の間際か出発の間際に、子孫存続のわずかな希望さえ残していけばそれでよいのだ。近代養蜂学の父のひとりであるあの尊敬すべきラングストロースはつぎのようにのべている。

「私たちは、一〇センチ四方の巣板を覆えるだけの数もない蜜蜂のコロニーが、なんとか一匹の女王蜂を育てようとしているのを見たことがある。二週間のあいだずっと彼女たちは希望をつないでいた。そして彼女たちの数が半分に減ってしまったとき、ついに待望の女王蜂が生まれた。けれどもその翅は欠陥だらけで、とても飛ぶことなどおぼつかないようなしろものであった。しかし女王蜂がいかに不具であろうと、彼女たちはあいかわらず敬意をこめてあつかっていた。一週間後には、一ダースくらいの蜜蜂しかいなくなってしまった。それから数日後には慰めようのない不幸な何匹かを巣板に残して、女王蜂すら息をひきとってしまった」

XIX

以下にとりあげるのは、不幸な境遇にいるが、同時に、不屈な精神の持主である蜜蜂が私たち人間の近代の横暴な干渉によって受けなければならなくなったというひとつの前代未聞の試練と、そこから生まれてきたひとつの情況である。その情況において人は娘蜂の親蜂への孝行心と自己犠牲のぎりぎりの行為の急所を捉えることができるのだ。私は、蜜蜂愛好家ならだれでもするように、受胎した女王蜂を一度ならずイタリアから送ってもらった。理由はイタリア種のほうが国産種のものより優秀で壮健だし、繁殖力も旺盛で、しかも活発で性質がおとなしいということによる。発送するときは、孔のあいた小箱をつかう。そして中に食糧を少し入れておき、一定数の働蜂と一匹の女王蜂をそこに閉じこめておくのだ。その働蜂は旅のあいだ女王蜂に栄養を供給したり、世話をしたり、見張りをしたりするためにできるだけ年とったものを選んでおく(蜜蜂の年齢は、年をとってくると若いものより、躰の艶がでてきたり、瘦せてきたり、体毛がほとんど抜けてきたり、とりわけ翅が過酷な労働に使い古され引き裂かれてきたりするので、わりあい容易に判別できる)。さて、こうして到着したときには、たいていの働蜂が死んでしまっているのである。一度などは全員餓死していた。しかしこの場合でも他の場合と同様、女王蜂だけは無傷で元気な姿をとどめていた。おそらくは最後に残ったお供の働蜂が、自分自身よりも貴重で大きな生涯を象徴している女王蜂に餌袋の底に保存しておいた最後の蜜の滴を飲ませながら息をひきとったにちがいない。

XX

人間はこんなにも粘り強い愛情を観察して、その愛情から発し、その愛情の中に封じこまれているみごとな政治感覚や労働の熱意や、忍耐力や高潔や、そして未来への情熱などを利用することに成功した。人間がここ数年来ようやく獰猛な女戦士をある程度まで彼女たちにそれと知られずに飼いならすことができるようになったのもこの愛情のおかげなのである。なぜある程度まで、しかも彼女たちに知られずにかといえば、彼女たちは決して外からの暴力に屈服することはないし、また無意識に仕えていながら、結局いまだに彼女たち自身の法則に従っているにすぎないからである。女王蜂を掌中に収めることで、巣の魂と宿命とを手に入れたのだと人間は信ずることができる。人間は女王蜂を利用し、いわばもて遊ぶやり方によって分封をひきおこさせ、その回数を増やしたり、逆にそれを妨げたり抑制したりできるようになった。またコロニーを合併させたり分割させたり、また王国の移民を導いてやることもできるようになった。しかしなおかつ、女王蜂はあらゆる象徴と同じく、より目立たないが、より大きな原理を表している生きた象徴にしかすぎないというのも事実である。養蜂家も、もし深い失望を味わいたくないなら、この原理を充分考慮に入れておく必要があるのだ。それに蜜蜂自身も、この原理を見誤ることはないし、また目に見えるはかない女王蜂の向こうに、彼女たちの固定観念である目に見えない永遠の真の支配者を見失うことも決してないことなのだ。そしてこの固定観念が自覚されたものかどうかは、その固定観念を抱いている蜜蜂か、それとも抱かせた自然かを、もっと個別に讃美しようとおもわないかぎり、どうでもよいことである。その固定観念がどこにあろうが、つまり、あれほどか細い蜜蜂の躰の中にあろうが、自然という認識できないほど大きな躰の中にあろうが、私たちの注目に値するものであることに、なんら変りないことである。ついでにつけくわえておくなら、もし私たちが驚異の存在する場所とか、それがどこに由来するかという起源とかばかりを讃美する点を改めるなら、驚きのまなこを見開くチャンスを、みすみすのがさずに済むはずである。このように驚きのまなこを見開くことほどためになることはあるまい。

XXI

あるいは人は、右にのべたような意見こそあまりに危険な推測で、あまりに人間的な臆測だというかもしれない。そして蜜蜂は、この種の観念をまったく有していないかもしれないではないか、また未来にしろ、愛にしろ、種の概念にしろ、またその他もろもろの私たちが彼女たちに託している概念にしろ、蜜蜂にとっては単に生きる必要とか、苦痛や死への恐怖とか、快楽の魅力とかが必然的にとっている形式にすぎないのではないかというかもしれない。その点に関しては私にも異論はない。先にのべたことも、いわばひとつの言い回しにしかすぎないし、だから私もそこに大きな意味をもたせようというつもりはない。ここでただひとつ確実なことは、これこれの状況において蜜蜂が女王蜂に対してこれこれのやり方で振舞うことが確認されているということにつきる。私たちが知りつくしているつもりのあらゆる事柄においても、確認されていることだけが確実に言いうることなのだ。そしてそれ以外のことはみな神秘であり、それについて多少なりとも心地良く、多少なりとも巧妙な推測がくだしうるにすぎない。蜜蜂について語っている分には賢明だったかもしれないが、もし人間について語ろうとするなら、蜜蜂についてのべた以上のことを言う権利が私たちにあるだろうか。私たちにしても、必要性や快楽の魅力や、苦痛の恐怖に従っているにすぎないではないか。それに私たちが知性と呼んでいるものも、動物の本能と呼んでいるものと起源や使命においてなんら変らないのである。私たちはその結果がよくわかっているつもりで、ある行為をおこない、またある行為を受け入れるときその原因を実際以上に究明できると自負している。ところがこの仮定は、なんら確固たる根拠の上に築かれているわけではないし、またこのように原因も結果もよくわかっているような行為は、そうでもないものに比較すれば、とるに足りないほど少ないというのが実状である。しかも、どんなによく知っている行為も未知な行為も、どんな卑しい行為も偉大な行為も、どんな身近な行為も疎遠な行為も、私たちのすることはみな深い闇夜の中でしか成し遂げられることはないのだ。結局、私たち自身、蜜蜂がそうだと考えられているのとおなじくらい盲目的な存在なのである。

XXII

蜜蜂に対していかにも滑稽な恨みを抱いていたビュフォンは、あるところでつぎのような意見を披瀝している。

「これらの蜂をひとつひとつ取りあげてみるならば、彼らは犬や猿やたいていの動物より知性が劣っているとしないわけにはいかない。彼らには従順さ、愛情、感情など、われわれのあいだにみられる美徳に欠けている。したがって蜜蜂の表面的な知性も、たくさんのものが寄り集まることからきているにすぎない。ただしこの寄せ集め自身にどんな知性もあるわけではない。なぜなら彼女たちは道徳的な見地から寄り集っているわけではないし、全員が同意して一緒にいるわけでもないからだ。したがって蜜蜂社会は自然によって定められた単なる物理的集合体、どんな知識とも理性的作用とも関係のない集合体にすぎない。母蜂は一万もの個体を一度におなじ場所に産み落とす。私の考えているよりこれら一万の個体が千倍も愚かだとしても、生き続けていくためだけにも彼女たちはなんらかの方法を編み出さなければならないだろう。いずれの個体も他の個体と同様、同じ力で行動しているのだから、はじめはどんなに妨害し合っていても、しまいには疲れて、そのうちできるだけ妨害しないようになってくるだろう。ということは結果的にお互い助け合うことになるはずである。このために彼らは理解し合い、同一の目的に向かって協力し合っているように見えるにすぎないのだ。そのうちに観察家が実際にはありもしない意図や精神を彼らに想定したり、その行動にいちいち説明をつけてみたりすることになってしまうのだ。またいつのまにかどんな動きにも動機があるとされ、こうして数えきれないほどの論理の奇跡または論理の怪物が産み出されてくる。一度に産み落とされ、一緒に集まって棲み、ほぼ同時に変態をとげるこれら一万の個体は、全員が同一のことをおこなわざるをえないのであり、また少しでも感情を備えているなら、いずれも共通の習慣をもち、互いに和解し、仲良く暮し、巣の世話をし、巣から遠くへ行ったときにはそこに戻ってくるなどの一連の行動をとらざるをえないからなのである。そういうところから建築学、幾何学、秩序、先見性、祖国愛、共和国なる概念が生まれてきたのだ。しかしその全体が観察家の称讃に全根拠を置いているにすぎないのである」

以上ご覧のとおり、ここでは蜜蜂を説明するのに私たちとまったく逆のやり方をしている。はじめのうちはこの説明の方が自然に近いように思えるかもしれない。けれどもそれは結局、この説明がほとんどなにも説明していない、という単純な理由によるのではないだろうか。一応ここでは、具体的な誤謬には触れないでおくことにする。けれども、このように互いに順応しあい、できるだけ妨害しないようにし、共同生活の必要を感じるためにはそれなりの知性をそなえていなければならないのではなかろうか。またどのようなやり方でこれら「一万の個体」が、互いに妨害するのを回避し、助け合うにいたるかを詳しく調べていけばいくほど、その知性がすばらしいものに見えてくるのではないだろうか。また考えてみればわれわれ自身の歴史も同じようなものといえるのではないだろうか。つまり、この怒りっぽい老博物学者の言っていることで、そのままわれわれ人間社会に当てはまらないような台詞がひとことでもあっただろうか。人間の叡知、美徳、政治という、私たちが想像力によって金色に染め上げてはいるものの、実のところ必要がもたらした苦い果実にすぎない諸々の美徳にしろ、結局自然状態でほうっておけば有害な各個人の活動をわれわれのエゴイズムを利用して、共同の利益へと変えてしまおうとする以外に、なんの目的もないと言っていいのである。しかしそれでもなお蜜蜂には私たちが想定しているような理念や感情がまったくそなわっていないと主張したいのなら、私たちの方は驚きの対象を蜜蜂から他のところへ移すだけだ。いったい私たちの驚きがどこにあるか、ということがそんなに重大な問題なのだろうか。蜜蜂を讃美することがそんなに軽率だというなら、自然を讃美することにしよう。こうして私たちから讃美を奪おうにも奪えないような地点がかならずどこかに残るようになっていて、後退し譲歩したところで失うものはなにもないのだ。

XXIII

いずれにせよ言えるのはつぎの点だ。それはまた現実界と明白に結びついている行為を精神界にも結びつける利点をもっている私たちの仮定を手放さないためにも言っておいた方がよいことである。蜜蜂たちが女王蜂の中で称えているのは、女王蜂自身の存在であるより、種の無限の未来であるという点である。蜜蜂は感傷にひたることがめったになく、たとえばひどい重傷を負ってなんの役にも立ちそうにないと判断された仲間がいたりすると、冷酷にもその一匹は排除されてしまうほどである。とはいえ、彼女たちがまったく、母蜂への一種個的な愛着をいだくことがないと断言することも差し控えておかなければならない。蜜蜂は、たしかに全員の中から母蜂を識別している。母親がどんなに年老いてみじめな不具になっても、門衛蜂は見知らぬ女王蜂が巣に侵入してくることは絶対に許可しない。たとえそれが美しく繁殖力があるように見えてもである。たしかにこれが彼女たちの警備体制の基本原理となっていて、この原理に反するようなことは蜜の大収穫期に見知らぬ働蜂がたくさんの食糧をたずさえてきたとき、その収穫物に免じて入れてやる以外にはありえないことなのだ。また、女王蜂が完全に不妊になったときには、一定の数の王女を育てて新らしい女王蜂にとって替わらせる。ではそのとき古い女王蜂に対してはどのようにするのだろうか。はっきりしたことはわかっていないが、ときどき華麗な美しい盛りの女王蜂が巣板のうえに降りて、ノルマンディー地方の表現を借りれば古い「女主人」の痩せて動けなくなったもう一方の姿が薄暗い片隅の奥の方に見えるという光景を蜜蜂飼育者は見かけることがある。この場合蜜蜂たちが古い女王蜂を、彼女の死しか頭にない元気旺盛なライバルの憎悪から徹底して守ってやったことはまずまちがいない。なぜなら女王同士のあいだには、同じ屋根の下に二匹一緒になったとたんにつかみあいが始まりかねないくらいの憎悪の感情が渦巻いているからである。したがって蜜蜂たちは、街のひとしれぬ一角で最期の日々をすごせるようなひなびた静かな隠棲所を年老いた女王蜂のために確保してやったと信じてしかるべきなのだ。こうしてここでもまた私たちは、蠟の王国の幾多の秘密のひとつに触れることになる。そして、蜜蜂の政治や習慣がけっして宿命的なものでも狭隘なものでもなく、私たちが信じている以上に複雑な動因に従っているということを確認する機会にまたしてもめぐり遇うことになるのだ。

XXIV

ところが蜜蜂にとって確固たるものであるはずの自然法則を私たち人間はたえず掻き乱してしまう。ためしにだれかが突然われわれのまわりの重力、空間、光、あるいは死などの法則を取りはらってしまったら、われわれはどうなっているだろう。私たちは毎日のようにそれに似た状況に蜜蜂を追いこんでいるのである。たとえばもし人が強制的に、あるいは不正に都市の中に第二の女王蜂をもちこんだとしたら、彼女たちはどうするだろう。自然状態なら、入口の見張りのおかげでこのような事態はこの世に生まれて以来、一度もおこったことがないにちがいない。こんな驚くべき事態がおこっても、彼女たちは逆上することなく神の命令であるかのように遵守してきたふたつの原理をできるだけ折り合せようとする。その第一は、母蜂はただ一匹だけであるという原理である。これはこれまで支配してきた女王蜂の不妊という場合(まったく例外的な場合である)を除いては、けっして曲げられることのない原理である。第二の原理の方はもう少し奇妙なものであり、原理そのものを破ることはできないにしても、いわばユダヤ的な論法をもってそれをすり替えることが許されているようなものである。つまりこの原理は、どんな女王であれ女王蜂という個性に一種の不可侵性をまとわせる原理なのである。蜜蜂にしてみれば、この闖入者に対して毒入りの一万の針を突き立てることなどたやすいことにちがいない。闖入者はたちまち死に至り、あとは屍骸を巣の外にひきずり出せばすむことだ。ところが、万一にそなえて針を使えるように、また互いに闘い合うためや、雄蜂を殺したり外敵や寄生虫を倒すためならば、いつでもそれを使用する労を厭わないのに、働蜂はこの伝家の宝刀を女王蜂に対して引き抜くことだけはしないのである。また女王蜂の方でも、自分の針を人間や動物や普通の蜜蜂に対してふり向けることはしない。女王蜂の武器は、働蜂のものが真っ直ぐなのに対して三日月の形に曲っていて、それを対等の者、すなわちもう一匹の女王蜂と闘うときにしかつかおうとしない。

　こうしてどんな蜜蜂も観たところ直接手を下すような血腥い女王殺しの恐怖をあえて引き受けようとはしない。そして女王蜂が死ぬことが善良な秩序と共和国の繁栄にとって、どれだけ必要な状況になっても、その死がなんとか自然死に見えるよう努力してやまないのである。つまり罪を無限に細分化し、結局は匿名のものにしてしまうわけである。

　そのために彼女たちはまず（養蜂家の専門用語を使わせてもらえば）、未知の女王蜂の方を「包装」してしまう。つまり彼女たちが無数の絡まりあった躰でその女王蜂全体を包みこんでしまうという意味である。こうして、捕虜が動けなくなってしまうような生きた監獄をつくり、そのまま必要とあれば捕虜が餓死あるいは窒息死するまで二四時間でもじっとしている。

　もし正当な女王蜂がそのとき近づき、ライバルに気づいて攻撃をしかけるようすをみせれば、監獄の動く壁はたちまち彼女の前に押し開かれる。そして蜜蜂たちは二匹の敵同士の周囲をとりかこみ、この不思議な決闘に加担するわけではなく、注意深く、しかも公平に立ち合うことになる。加担しないのは、母蜂だけしか他の母蜂に対して針を使うことが許されていないし、脇腹に百万近くの生命を宿しているものにしか一撃で他の百万近くの死者を出すことが許されていないためである。

しかし、もしこの衝突が決着をみずに、いたずらにだらだらと続き、ふたつの湾曲した針がキチン質の重たい鎧の上をむなしく滑るばかりで、どちらかの女王蜂が逃げ出すそぶりでもみせれば、それが正当な方にしろ未知な方にしろ逃亡者は掴えられ、捕えられ、ふたたび戦闘の意欲をみせるまで例のざわめく監獄にとり囲まれてしまう。そしてここでつけくわえておいた方がよいことは、この点についてかさねられた数多くの実験において、勝利はほとんどいつでも統治してきた女王蜂の手に落ちたということだ。ということは彼女がホームグランドにいて自分の民衆にとりまかれていることに意を強くして、相手より大胆さと熱意をみせるためかもしれないし、また蜜蜂たちが、たしかに決闘の瞬間には公平だったとしても、二匹のライバルを監禁するやり方においてはそうではなかったためかもしれない。というのも外来者の方はそこから出てくるときほとんどいつも目に見えるほど傷つき活気を奪われてしまっているのに、彼女たちの母の方はこの監禁に苦しんだようすをほとんど見せないからである。

XXV

蜜蜂が母蜂を見分け、母蜂に対して真の愛情を抱いていることは、いたずらな贅言を費やすより、ただひとつの簡単な実験が証明してくれる。まずひとつの巣から女王蜂をとり除いてみる。すると私が前節で描いたような、あらゆる不安や悲嘆を示す現象がおこるのが見られるだろう。そしてつぎに数時間後、同じ女王蜂をもとに返してみる。すると娘たちは女王に蜜をあげようと全員が出迎えに出てくるだろう。一部の働蜂は女王蜂の通り道に生け垣をつくって待ち、また他の者たちは頭を下に腹を空に向けた逆立ちの姿勢で、その前にずらっと半円型をつくって並ぶ。そしてそのままじっと動かず、だがおそらく女王の無事の帰還を祝う頌歌をうたっているのだろうとおもわれる大きな音を響かせながら彼女を出迎える。この並び方はなにやら王家の儀式において、壮厳な敬意または至福を表わすもののようである。

とはいえ、この実験で正当な女王蜂のかわりに外来の母蜂を据えて、蜜蜂をだまそうなどとおもってはならない。そんなことをすれば、この外来者がほんの二、三歩広場に足を踏み入れるか入れないうちに、怒りくるった働蜂があちこちからとびだしてきて彼女はたちまち捕えられ、おそろしく騒々しい監獄の中に包みこまれ、抑えこまれてしまうだろう。この執拗な壁は互いに交替しながら、彼女の死が訪れるまで続けられるにちがいない。こうした特別の場合、彼女が無事に生きたまま出てくることは、まずありえないことだからである。

以上の点で女王蜂の導入と交替は、養蜂業における最大の困難のひとつになっている。蜜蜂はどんなおもいがけない出来事がおきても、それを感動的な勇気で受けとめ、まるでそれが自然の新しい、しかし宿命的な気まぐれでしかないかのように巧みに対処してゆく。このような鋭い、しかしいつでも誠実な小さな昆虫に対して人間が自分の欲望を課し、また彼女たちを欺くためにどんな外交手段、どんな複雑な術策にたよっているのかを見てみるのは興味深い問題である。結論を言ってしまえば、こうした外交手段において、あるいはまた危険な策略のためしばしばおちいる困った混乱において、人間がほとんど経験的にすがらざるをえないのはいつもながら蜜蜂のみごとな実際的感覚、彼女たちの掟、すばらしい習性の汲みつくせないほどの宝、その秩序や平和や公共の富への愛、その未来への信頼、その性格の水際立った的確さときまじめな公正さ、そしてなによりも疲弊することを知らぬ義務遂行にかける粘り強さなのである。★2

XXVI

これまで蜜蜂の個的な愛情についてあれこれ云々してきたが、その問題に決着をつけるために、愛情は存在するが、記憶されている期間は短いということもどうやら確かである点をつけくわえておこう。たとえば母蜂を数日間も遠ざけておいて、それから自分の王国に戻してやろうとしても、彼女は未知の女王蜂が受ける死の禁錮刑からいちはやく救い出してやらなければならないほどの待遇を娘たちから受けるはめになる。ということは、母蜂がいないあいだに、働蜂が自分たちの住居を一〇ばかり王台に変える暇があったということであり、したがって、もう種の未来にどんな危機も存在しなくなったということを意味しているのである。彼女たちの愛情は、女王蜂がこの未来をどれだけ表わしているかという度合いに応じて、強まりもすれば弱まりもするのだ。こうして、処女女王蜂が「結婚飛翔」の危険な儀式をおこなうときなど、臣民たちは女王を失うのが心配なあまりに、やがて私も詳しく述べるつもりのこの悲劇的な愛の探求行に、しばしば全員がつきそっていくことさえあるのである。しかし、この光景も、彼女たちに若い蜂児房のまじった巣板の断片をあてがって、他の母蜂を育てる希望をつないでやれば、けっして見られることはない。私たちなら未来社会と呼ぶであろうこの抽象的な神を蜜蜂は私たちよりはるかに強烈に内に感じとっている。もし女王蜂がこの神へのあらゆる務めをはたすのを怠ったりすれば、その愛情はたちまち怒りや憎しみにかわることすらありえるのだ。たとえば養蜂家は、さまざまな理由で、女王蜂が分封の群れに参加できなくさせてしまうことがある。それには、痩せて敏捷な働蜂ならなんなく通り抜けられるが、娘たちよりはるかに身重《みおも》で肥満体のあわれな愛の奴隷には越えることのできないような格子を利用すればよい。最初の出発のとき、女王蜂がついてこないのを確かめた蜜蜂たちは巣に戻り、その怠慢ぶりを責め、あるいは意志が少し弱すぎると判断して、この不幸な囚われの女王蜂を断固として叱責し、突きとばし、ののしる。二度目の出発に際しては、女王蜂のやる気のなさははっきりしたものとおもわれ、怒りはまさり虐待もより厳しいものとなってくる。三度目のときには、運命の種の未来に対してとり返しのつかないほど不誠実な存在だと見なされて、彼女は確実に処罰され、牢の中で殺されてしまうのである。

XXVII

ここでよくわかるように、蜜蜂社会は先見性、協働性、不屈の闘志、状況を読んで利用する巧妙さなど、さまざまな知恵が動員されて、すべてが未来に従属させられるようになっている。しかも私たち人間が近年さかんに介在することによって、その巣にはたえず不測の事態や超自然的な事件がまきおこっていることをおもえば、ここにあげた知恵はまことに称讃を絶するものといわねばなるまい。前節の例では働蜂が、女王蜂のついてゆけない理由を誤って解釈したではないかと反論する向きもあるだろう。けれどももし、自然現象とおなじくらいつかみどころのない大きな動きをする肉体をもち、しかもわれわれとはまったく次元を異にする知性をもち合せたある存在が、同じような策略を私たちのまわりにめぐらしてなぐさみにしようとしたならば、私たちは蜜蜂以上に鋭敏にそのことを看破できるだろうか。雷についてのもっともらしい解釈をみつけるのに、私たちは何千年も費したのではなかっただろうか、どんな知性であれ、おのれの小さな殻を脱け出したときや自分がひきおこしたわけでもない出来事を前にしたときは、鈍感になるのはまぬがれえないところだ。もし格子の実験が一般化されるならば、いつか彼女たちも事態を理解し、不都合を予防するようにならないともかぎらない。すでに蜜蜂は他の数多くの実験を理解し、実に巧みにそれを利用してきている。たとえば「可動性の巣板」の実験や「分離房《セクション》」の実験がある。それは予備の蜜を対称形に積みかさねられた小箱の中に貯えさせる実験である。また「型取りした蠟」の驚異的な実験もある。この場合、巣穴は蠟の薄い輪郭で下描きができているにすぎないのだが、蜜蜂はその用途をたちまち理解し、養分や仕事を浪費しないで完璧な巣部屋を建てようと、その蠟の輪郭を慎重に引き伸ばしてゆくのである。こうしてみると、一種の意地悪で皮肉な神によって仕掛けられた罠以外なら、蜜蜂は人間がいだきうる最良にして唯一の解決策を、どんな状況におかれても発明することができるといえるのではないだろうか。このような自然におこるまったく異例な状況として、ナメクジやハツカネズミが巣にまぎれこみ、そこで死んだ場合、やがて空気を害するにちがいないその屍骸を彼女たちがどう処分するかという問題をとりあげてみよう。その屍骸を巣から追い払うことも解体することも不可能な場合、彼女たちは街の普通の建物のあいだに、奇妙な形で聳える蠟と蜂蠟でできたひとつの墓を作り、その中に屍骸を体系的にぴったりと密閉してしまうのである。昨年、私はひとつの巣箱の中で、まるで巣板の巣部屋のようにできるだけ蠟を節約できるように、境界壁《ファランステール》をそのまま利用した三つの墓の集まりを目にした。用心深い埋葬係たちは、どこかの子供が共同体にもちこんだ三つのカタツムリの遺骸の上にその墓を築いた。ふつうそれがカタツムリなら、貝殻の口を蠟で覆うだけで満足する。ところがこのときは貝殻が多少破損していて亀裂が入っていたので、全体を埋めこんでしまう方が簡単だと判断されたのである。しかも入口の往来を邪魔しないようにこの厄介なかたまりの中に一定の数の通路が設けられている。その通路は、彼女たち自身の体格ではなくて、それよりも二倍も大きな雄蜂の体格に合せて作られているのである。この事実や、つぎにあげるもうひとつの事実は女王蜂が格子を通ってついてはゆけない理由を、蜜蜂がいつかは解き明かせる、と信じさせていないだろうか。蜜蜂には、躰を動かすのに必要な寸法や間隔に対するきわめて正確な感覚がそなわっているのだ。そのことを示すもうひとつの例は、醜怪なメンガタスズメが盛んに跋扈している地域では彼女たちは巣の入口に蠟製の小円柱を建てて、そのあいだから夜行性の掠奪者の巨大な腹が入りこめないよう工夫しているという事実である。

XXVIII

この点についてはもう充分だろう。すべての例をあげなければならないとなれば、とても収拾がつかなくなってしまうにちがいない。女王蜂の役割と立場を要約するなら、彼女は街の心臓であるが同時に奴隷でもあり、そのまわりを働蜂が街の知性となってとりかこんでいるというふうに定義することができるだろう。彼女は唯一の支配者であるが、同時に女中でもある。また愛の囚われの受請い人であると同時に、その愛の責任ある代理人でもあるのだ。民衆は女王に仕え、彼女を尊敬するが自分たちが女王蜂そのものに従属しているわけではなく、彼女が果している使命に、彼女が代表している運命に従属していることを、けっして忘れたりはしない。私たちの惑星の望みを、これだけ大幅にその設計図に取り入れた人間の共和国は、そう簡単にみつかるものではあるまい。また、これほど非の打ちどころのない合理的な独立心と、これほどまでに完全周到な服従心とが同時に存在している民主政治を人間のうちに見出すことも困難なことにちがいない。しかしまた、これだけ苛酷で絶対的な犠牲を強いる政治体制もめったにないことは確かである。どうか私が、犠牲そのものをその結果とおなじくらい讃美しているとおもわないようにしていただきたい。こんなに苦しみや自己犠牲を払わないでも、結果が得られるなら、もちろんそれにこしたことはあるまい。しかしそうした犠牲のもともとの原理を受け入れてみるならば——われわれの地球の考えでは、この原理があるいは必要なものかもしれないのだ——その組織はみごとなものであることがわかるだろう。生活などというものは、多かれ少なかれ楽しい時間の連続であり、暗く苦い思いを味わうのは種の維持に必要なときだけにしておくのが賢明なやり方であるとする考え方は、この点に関する人間的真実がどうであれ、蜜蜂の巣においては通用しない。そこでは生活は世界の始まり以来けっしてたどりつくことのできない未来のために、厳格に共有分割されるひとつの大いなる義務と考えられている。そして各自はそこで、幸福と権利のなかば以上をあきらめなければならないのだ。女王蜂は昼の光や花々の蕚、そして自由に別れを告げる。働蜂の方は、愛と四、五年の寿命、それに母となる歓びを断念する。女王蜂は生殖器官のために、脳の機能がほとんどゼロになってしまう。逆に働蜂においては、おなじ生殖器官が知性の犠牲となって衰弱する。このような断念に意志がまったく関与していないと主張するのは正しくないだろう。なるほど働蜂は自分自身の運命を変えることはできない。けれども、まわりにいる間接的な娘たちの運命を掌中に握っているのだ。働蜂の各幼虫は、女王用の食事と住まいがあたえられれば女王蜂になることができる。同様に女王の幼虫もそれぞれ食事を変え、巣部屋を小さくするなら働蜂に変身することができる。この驚嘆すべき選択は、毎日のように巣の金色の闇の中でおこなわれているのだ。それはけっして気まぐれに成されるのではない。人間以外にその奥深い誠実や重要性を悪用できないひとつの叡知、つねにめざめている叡知が街の外でおこっていることも、壁の内側でおこっていることも、ふたつながら考慮に入れつつ、その選択をおし進めたり中止したりしているのである。たとえば、おもいがけない花々が突然あふれたり、丘の上や川っぷちに新しい収穫物の光が輝くようなとき、また女王蜂が年老いたり、以前ほど子供を産まなくなったとき、それに人口が増加して環境の狭さが感じられるようになったとき、王台が建てられるのが目撃できるだろう。またもし収穫が足りなくなったり、巣が大きくなったりしたときには同じ王台が壊されることもありうるのだ。また若い女王蜂が結婚飛翔をすませていなかったり、あるいは成功していないあいだは王台がそのまま維持され、彼女がお尻に、まるで戦利品のように受胎の否定しようのない印をひきずって巣に帰ってきたとき、はじめてその王台が打ち壊されるという現象もしばしばみられるところだ。それにしてもこの叡知、現在と未来を秤りにかけ、現に見ているものよりまだ目に見えないものの方に重きをおくこの叡知は、いったいどこにあるというのだろう。断念したり選択したり、育てているかとおもえば抑制し、多数の働蜂を女王蜂にすることもできれば、逆に多数の母親を単なる一群の処女蜂にすることもできるこの無名の用心深さはいったいどこに席を占めているのだろう。私は別のところで、それは「巣の精神」の中にあるとのべたことがある。しかしその「巣の精神」自体が働蜂たちの議会にないとしたら、どこに求めるべきだというのだろう。それがまさに働蜂たちの議会にあるという確信を得るためには、なにもこの君主制共和国の習慣を注意深く観察するまでもないことにちがいない。デュジャルダン、ブラント、ジラール、フォーゲルその他多勢の昆虫学者がおこなったように、顕微鏡のもとで中身の空っぽな女王蜂の頭蓋や二万六千の眼が光っている雄蜂のみごとな頭のかたわらに処女働蜂のいかつい心配性の頭部を置いてみればよいのである。私たちはこの小さな頭の中に、巣の中でもっとも大きく工夫に富んだ脳の皺がきざまれているのを見ることになるだろう。この頭脳は人間とはたしかに別の次元、別の組織をもっているが、自然界において人間についでもっとも美しい、もっとも複雑な、もっとも繊細な、またもっとも完璧なものであるといっていいものなのだ。★3 われわれの知っているこの世のどの政治体制にもいえるように、ここでもまた頭脳が存在している場所に権力やほんとうの力が、また叡知や勝利がみつかる。ここでもまた、物質を屈服させて組織し、空虚や死の鈍く広大な力のまっただなかに、小さいながらも誇りにみちた永続的な場所を生みだすことに成功したのは、知性というあの神秘的な物質のほとんど目に見えない原子であると言うことができる。

XXIX

さて、このへんで出発の合図を早く出すために、ながながとした講釈が終わるまでとても待っていてくれそうにないあの分封中の私たちの巣に戻ることにしよう。この出発の合図が発せられると、たちまち街の扉という扉が異常な圧力でいっせいに開け放たれたようになる。そして真っ黒な一団が、その開放された扉の数にあわせて二重、三重、四重のジェットとなり、まっすぐに張られ、震動しながらたえまなく脱け出し、噴き出してくる。それは数十万の昂ぶった透明な翅で織られた騒々しい網となって空中にはじけ、拡がってゆく。そのようすはまるで数千の興奮した指が半透明の絹織物を織ったり破ったりしているようだ。そして驚くべき衣づれの音に包まれたまま、この網は数分間、巣のうえに漂っている。それは見えない手で空中に支えられた歓びのヴェールのように波うち、ためらい、鼓動している。そしてその見えない手は、まるでなにか荘厳な出発か到着を待ちながら、ヴェールを花々の咲いている地上から蒼空に届くまでいっぱいに拡げたり、折りたたんだりしているようである。最後にこの歌声に包まれた晴やかなマントの陽の光をいっぱいに浴びた四辺は、一方が折りたたまれ他方がもちあげられて、いよいよ狙いを定めるべく一点に集中する。ついにこのヴェールは、お伽噺の中で願いをかなえようと地平線をわたってゆくあの魔法のテーブルクロスのように、すでに全体が折りたたまれた状態で未来の聖なる現存である女王蜂を覆い包みに、彼女のいる菩提樹や梨や柳の木に向かってゆく。女王蜂はたったいまその木にまるで黄金のくさびをうちこむように、ぴったりとはりついたところなのだ。そしていよいよ魔法のヴェールがやってきて、その音楽的な波動のひとつひとつを黄金のくさびにひっかけ、翅に輝く真珠の布地をまきつけてゆくのである。

ついでまた沈黙が生まれる。あの大騒動は静まり、はかりしれない危険と怒りを秘めているようにおもわれたあのおそろしいヴェールや、そのあたりのあらゆる物の上で宙吊りになってたえず音を響かせていたあの耳を聾するばかりの黄金の霰《あられ》も、一分後にはみなおさまってしまい、すべてが木の枝に吊された無害なおとなしい房、いきいきとした、だが不動の数千の小さな開口部でできた大きな房へと変ってしまう。そしてそのままじっと辛抱強く、避難所を探しにでかけた斥候蜂の帰りを待つのである。

XXX

「第一次分封」と呼ばれるのは、この分封の第一段階のことであり、その先頭にはかならず女王蜂がみつかる。この群れはふつう、なるべく近くの木や灌木に停泊しようとする。なぜなら女王蜂は卵をかかえて重くなっているし、また結婚飛翔以来、あるいは前の年の分封以来、光を見たことがないため、まだ虚空の中へ跳びだすことをためらい、翅の使い方まで忘れてしまっているように見えるからだ。

養蜂家はここで、群れがしっかりかたまるのを待ち、それから大きな麦藁帽子を頭に被り（なぜならどんなに無害な蜜蜂でも、髪の毛のなかに入ると、罠にかかったとおもってどうしても針をつかおうとするからだ）、しかし経験を積んでいればマスクもヴェールもなしに、肘まで肌をあらわにした腕を冷たい水に浸した後、群れをかかえている枝を、さかさまにした巣箱のうえで激しく揺さぶることができる。すると房は熟した果物のように、ずっしりと重く巣箱の中に落ちてくる。もし枝が強すぎるようなら、スプーンのようなもので直接かたまりを掬い、掬った生きた内容物を穀物粒をまくようにあちこちらへばらまく。このとき養蜂家のまわりを、ブンブン唸りながら群れをなして手や顔にかぶさってくる蜜蜂はおそれるにたりない。養蜂家には、怒りの声とはちがう陶酔の歌声が聴こえてきているはずだ。また分封の群れがわかれわかれになったり、いらだってきたり、散り散りになったり、逃げだしたりするのではないかとおそれる必要もない。すでに述べてきたように、この日ばかりは神秘的な働蜂もお祭り気分に浸っていて、なにごとにも信頼しきっているからである。守らなければならない財産から解放されたいま、彼女たちはもう敵を認めようとしない。幸福感のおかげで蜜蜂は無害な存在となるのだ。なぜかわからないが彼女たちはいま幸福なのだ。彼女たちは掟を果したのである。どんな動物もこのような盲目的な幸福の瞬間をもっている。それは自然が自分の目的を達成しようとするとき、かならず準備しておいてくれるものなのだ。蜜蜂がそれに騙されていることを驚いてはならない。蜜蜂よりはるかに完全な頭脳をもって何世紀もまえから自然を観察してきたわれわれ自身、やはり騙されてしまう。自然が好意的なのか、無関心なのか、あるいは残酷きわまる存在であるのか、いまだにわかっていないくらいなのだから。

女王蜂が落ちた場所が群れの住まいとなるだろう。また、たとえ女王蜂一匹しか巣箱に落ちなかったとしても、その存在が確認されたならば、あらゆる蜜蜂が黒い列を作って母蜂のところに向かうことになるだろう。このとき大部分のものが大急ぎで巣箱に入ってしまうのに対して、一部の群れは一瞬見知らぬ扉の入口に立ち止って、幸福な事件を祝うときの習慣である厳粛な歓喜の輪をつくる。農夫たちはこれを「集合ラッパを吹く」と表現している。まさにこの瞬間、おもいがけない避難所は承認され、そしていよいよどんな小さな片隅までも調査されることになるのだ。まず巣の形や色、また養蜂所の中でのその位置などが記憶され、用心深くて忠実な何千という小さな頭の中にはそれが刻みこまれる。あたりの目印になるようなものは念入りに留意され、こうして新都市は彼女たちの熱心な想像力の中ではやくも完全な姿で存在し、またその場所も、全住民の精神と心の中にしっかりと記されるのである。そして壁のあいだからは女王蜂の健在を祝う愛の讃歌が鳴り響き、いよいよ労働が始められることになるのだ。

XXXI

もし人間が分封群を巣箱の中に採集しないならば、群れの歴史はここで終わらない。この場合には、分封が始まった時点ですぐに住まいを探しに方々へ散っていった翅つきの斥候または先遣隊の働蜂が帰ってくるまで、群れは木の枝にじっとぶらさがったままでいる。やがて斥候がつぎつぎに戻ってきて、託された使命を報告する。ここで蜜蜂の思考にまでわけいることが不可能である以上、われわれの前にくり広げられている光景については、人間の場合になぞらえて解釈しなければならない。群れが斥候の報告を注意深く聞いていることも大いにありそうだ。ある斥候はどうやらある木の窪みを強く奨めているらしい。別のものは古壁の便利さをとくとくと吹聴している。また洞窟の窪みや、捨てられた穴も捨てがたいと言い出すものもいる。この会合はなかなか合意をみず、翌朝まで討議していることもある。そしてついに選択が決まり合意が得られる。こうして決められた瞬間がやってくると、房全体が震動し、群らがったり分散したり、散り散りになったりしながら、もうだれにも邪魔されることなく、激しくまた気高く翔びたって生け垣や麦畑、亜麻畑や乾し草の山、沼、村、川などをいっきに飛び越え、そして分封の群れは震える雲となって、はるか彼方の定められた目的地めざして一直線に向かってゆく。人間がこの第二の停泊地まで追っていけることはめったにない。群れは自然の懐に帰り、私たちはここでその運命の跡を見失うのである。

★1――ここにあげた数字は厳密に正確なものである。ただしそれは繁栄の頂点にいる健全な巣の場合である。

★2――ふつう、外来の女王蜂を導入するには、まず鉄線のついた小さな籠にその女王蜂を閉じこめ、ふたつの単板のあいだに吊しておく。籠には蠟と蜜でできた扉がついていて働蜂は怒りが納まるとその扉をかじりだす。こうしてやがて働蜂は囚われの者を解放し、たいていは悪感情を抱くことなしに彼女を迎え入れてくれる。ロッティングディーンの大養蜂所の所長、S・シミンズ氏は最近、きわめて単純な別の導入方法を発見した。それはほとんど誤たずに成功し、そのため技術の向上に腐心する養蜂家たちのあいだに普及しはじめている方法である。ふつう、導入をこれほど困難なものにしているのは女王蜂の態度である。彼女は逆上してしまい、逃げ隠れし、闖入者のように振舞ったあげく、働蜂の調べですぐわかってしまうような疑惑をひきおこす。そこでシミンズ氏はまず、導入すべき女王蜂を半時間ほど完全隔離し、断食を課してしまうのだ。ついで親をなくした巣の内蓋の一角をもちあげ、外来の女王蜂をひとつの巣板の頂点に据える。すると、それまでの隔離に絶望を味わっていた女王蜂は自分が蜜蜂のなかにふたたびいることの幸福感に酔い、また空腹に悩まされていたことも手伝って、あたえられる食糧に貪るように喰らいつく。働蜂の方はこの自信満々の態度に騙されて、調査を怠り、たぶん古い女王蜂が帰ってきたのだろうと考え、よろこんで彼女を迎え入れるのだ。この実験からは、ユベールはじめあらゆる観察者の意見とは逆に、働蜂は女王蜂を見分けることができないと結論される。いずれにせよ、どちらももっともらしいこの二説――真実はまだわかっていない第三の説にあるのかもしれない――は、蜜蜂の心理がいかに複雑で難解であるかを、いま一度示しているものといえる。そしてこのことからは生命に関するあらゆる問題同様、ただひとつの結論しかひきだすことができない。すなわち、さしあたっては、いつまでも好奇心を心のなかに抱いているべきだということである。

★3――蜜蜂の脳はデュジャルダンの計算によれば昆虫の体量の一七四分の一の重さをもっており、蟻の場合にはこの比率が二九六分の一になるということである。それに対して、知性が本能に打ち克つに従って発達していくとおもわれる脳脚体については、蟻におけるほど蜜蜂のものは発達していない。仮説の部分はそのままにしておいて、また問題の曖昧さを考慮するなら、このような見積りからは両方の特徴が補い合って蟻と蜜蜂の知的能力はほぼおなじくらいだと結論しておくのが無難なようだ。

3 章

都市の建設

この街は地表から突き立つ人間の街のようではなく、
空から下に降りてゆく逆円錐形の逆立ちした街だ。

しかしここでは、養蜂家の採集した群れが、あたえられた巣の中でなにをするか、という点をむしろ見ていくことにしよう。そしてまずはじめに、ロンサールに

小さき躰に優しき心秘めたる者

と謳われている五万匹の処女たちが果してきた犠牲を思い出しておこう。また、いまこうして落ちてきた砂漠のようなところで、生活を再開するために必要な勇気をもう一度たたえておこう。なにしろ彼女たちは、自分の生まれ育った都市、つまり生活があれほど安定し、あれほどみごとに組織されていた都市、太陽の想い出にあふれた花々の果汁のおかげで、冬のおそろしさにも微笑むことができた、あの豊かなすばらしい都市を、きっぱりと忘れたのである。しかもそこに、もうけっして再会することもない多くの娘たちを、ゆりかごの奥に寝かしつけたまま、置いてきたのである。さらに蠟や蜂蠟や貯えてきた厖大な宝だけではない、六〇キロ、つまり全住民の体重の一二倍、蜜蜂の個体にして約六〇万匹分の重さの蜜まで置いてきたのである。それは人間の場合に換算すれば四万二千トンの食糧に当る。たとえるなら、私たちの知っているどんなものよりも貴重で完璧な食物を積んだ大型船による船団だと言えるだろう。どんなものより貴重で完璧な食物という意味は、

蜜蜂にとって蜜は一種の流動食――すぐに消化でき、しかもほとんどまったく滓を残さない――一種の乳糜《ひ》だからである。

それに対して、この新しい住居には、なにもないといっていい。一滴の蜜も、一本の蠟の標柱も、一箇の目印も、なんの拠点すらないのである。そこには、屋根と壁だけの巨大建造物の荒寥とした姿があるだけである。まるくなった滑らかな壁は影をとどめるだけだし、天井を見れば、化け物じみた穹窿が虚空のうえにふくらんでいるにすぎない。しかし蜜蜂は、甲斐のない後悔をしたりはしない。いずれにせよここで立ち止まることはない。蜜蜂以外なら、たとえどんなに勇気をもちあわせていてもとても耐えられないような試練にも、その熱意は挫かれるどころか、かつてなかったほど燃えさかるのである。巣箱が立て直され、しかるべき位置に置かれ、あの騒々しい墜落の混乱が静まってくると、とたんにもつれた群衆のあいだに、ひじょうに明瞭なまったく予想外の分業が開始される。まず、大部分の蜜蜂は的確な命令に従う軍隊のように、分厚い柱となって、建物の切り立った壁をよじ登りはじめる。それが丸屋根の頂点まで達すると、最初にそこに着いた者たちが、前肢の爪でそこにしがみつく。そしてそのつぎの者たちは、最初の者につかまり、以下もつぎつぎと、たえまなく登ってくる群衆のための掛橋となる長い鎖ができるまで、同様のことがくりかえされる。だんだんその鎖はふえてゆき、強化され、また限りなく絡まりあって、花づなのようなものとなる。こうして、かぎりない数のものが絶え間なく登りつづけてゆくと、今度はそれ自体が、分厚い三角形のカーテン、あるいは頂点が丸屋根のてっぺんに留められ、底辺が巣全体の高さの半分か三分の二のところまで降りた、びっしりつまった倒立の円錐形に変形してゆく。こうして、内部の声に促されてこの集団に加わろうとする最後の蜜蜂が闇に吊されたこのカーテンに合流すると、さしもの上昇も終わりを告げ、ドーム内のあらゆる動きがしだいに消えてゆく。そしてこの奇妙な倒立円錐は、宗教的ともおもえる沈黙とぞっとするような不動性を保ったまま、長い時間、蠟の神秘が到来するのを待つのである。

この驚異のカーテンのひとつひとつの襞には、やがて魔法の贈物が降臨するはずなのだが、そのあいだ、このカーテンの形成にいっこうに無関心なようすで、それにかかわろうという気が少しもなさそうにみえた他の蜜蜂、つまり巣箱の底にとどまった連中も、建物を吟味したりして、必要な仕事に取り組みはじめる。

地面は念入りに掃き清められ、枯葉、小枝、砂粒などが、一枚一枚、一粒一粒、丹念に遠くまで運び出される。まことに蜜蜂の清潔好きは偏執的なまでのものがあり、真冬など酷寒のため、養蜂言葉でいう「清潔飛翔」ができなくなってしまうときには、巣を汚すことを潔よしとせず、彼女たちはひどい内臓の病いに罹って集団死してしまうほどである。雄蜂だけは、度し難いまでに無頓着で、出入りしている巣板の中に恥も外聞もなく散らかし放題ごみをばらまき、そのため働蜂は、たえず彼らの後ろを追いかけ掃いてまわらなければならなくなる。

掃除が終わると、この同じ世俗のグループ、つまり一種の宗教的恍惚感に包まれて、吊り下げられた円錐に加わっていったグループとは別のグループは、共同住居の下部周囲を綿密に泥で塗り固める。ついで亀裂という亀裂がすべて点検され、そこに蜂蠟がみたされ亀裂は覆い隠される。そして上から下まで建物の艶出しがはじめられる。入口の衛兵隊も再編成され、こうしてやがて一定数の働蜂が野に出かけ、花蜜と花粉とを携えて戻ってくるようになるのだ。

II

真の住居の土台は、あの神秘的なカーテンのかげに置かれているのだが、そのカーテンの裾をいきなりこじあけてみるまえに、まず私たちは、小さな移住民たちが、今後くりひろげていかなければならない知性や、棲み家を居心地のよいものにしたり、虚空に都市の図面を引いたり、そこに建物の場所を論理的に記したりするのに必要な、速断力や計算や、技術の正確さなどを理解するよう努めていくことにしよう。建物はできるだけ経済的かつ迅速に建てなければならない。女王蜂が産卵を急いでいて、いくつかの卵をはやくも地面にまき散らしてしまっているからだ。さらに、まだ想像上のものではあるが、当然いままでになかった形態になるはずの多様な建築物において、換気、安定性、強度の法則も忘れてはならない。そのほか蠟の耐久力、貯蔵すべき食糧の性質、交通の便、女王蜂のくせ、あらかじめだいたい決定されている配置――というのもそれが構造上最良だからであるが――倉庫、家、道路、通路の間取り、さらにここにとても列挙しきれないような他のもろもろの問題についても考慮しておかなければならないのである。

それに、人間が蜜蜂にあたえる巣の形は多種多様であり、そこには木の穴や、アジアやアフリカでいまでも使われている陶器の筒もあれば、多くの農家の窓の下や菜園に咲いている向日葵や草夾竹桃や立葵の茂みなどに見かける、古典的な釣鐘状の藁の巣もあり、そうかとおもうと今日の移動型の養蜂の本格的な工場もあるといった具合でそれこそ千差万別である。この最後のものなどは、三、四段にかさねられた巣板に、しばしば蜜が一六〇キロ以上も貯えられており、また木枠がとりつけられていて巣板を取り出し、タービンをつかって遠心力の作用で収穫を抽出し、その後はまた、ちょうどきちんと並んだ書棚に本を返すように、木枠を元の場所に戻せるようになっている。

従順な分封群を、ある日これらいかにも面喰らわせる住居のひとつに住まわせるのは、人間の気まぐれや策略である。しかしそれをうまく活用したり進路を決めたり自然の成り行きにまかせていれば不変であるべき設計図に変更を加えたり、冬の倉庫の位置をこの異常な空間の中に定めたりするのは、小さな蜂たちの方なのである。冬の倉庫の場合、そばではなかば冬眠しかけている種族が熱を出しているためその温かくなった地帯まで倉庫が入りこんでしまってはならないのである。また蜂児房の巣板が集まるはずの地点を予想するのも彼女たちの役目である。その用地は、破綻をきたさないためにいつもほぼ不変に保たれていなければならず、高すぎても低すぎてもいけないし、扉から近すぎても遠すぎてもならないのである。たとえばある蜜蜂の群れは、狭い、押し潰したような水平の長い廊下があるだけの、倒れた木の幹から分封してきたとしよう。それがいまや、塔のように聳えたち、屋根は闇の中にかき消されるほど高い建物に移ってきたのである。彼女たちが感じたであろうもっとありふれた驚きについていうなら、蜜蜂はもう何世紀も前から私たちの田舎の藁の巣のドームの下で生活するのに慣れてきたのに、いまやその生家より三倍も四倍も広い大きな戸棚か大箱に、あるいは入口と平行や垂直にかさねられた枠、建物の表面を覆いつくす足場の網目をもった枠がごちゃごちゃとしている中に導き入れられているということをのべておかなければならない。

III

しかしそれも大した問題ではない。分封群が仕事につくのを拒んだり、状況の異常さに落胆したり狼狽したままでいることなど、提供された住居が悪臭をただよわせていたり、実際に住めた状態でない場合のほかは、ありえないことだからである。またそうした状態に実際に置かれた場合でも、失望したり、逆上したり、義務を断念したりすることが問題になることはまずないのである。このときにはただ住み心地の悪そうな住居を捨てて、もっと好運にありつけるよう少し遠くまででかけるだけだ。また群れに、子供じみたつじつまのあわない仕事をさせようとして、成功したためしもない。蜜蜂が理性をなくしたという話はきいたことがないし、どんな方針をとっていいかわからないまま、行きあたりばったりに、ちぐはぐな建築をしたという事実が確認されたこともない。ためしに蜜蜂を球体や立方体、ピラミッド型や随円形や多角形の籠の中、また円筒や螺旋形の巣箱の中に流しこんでみるとしよう。彼女たちがその住居を受け入れたようなら、数日後にそこを再訪してみる。するとこの独立心に富んだ小さな知性の持主の奇妙な群れは、躊躇せずたちまち合意に達して、この不条理な住まいの中でもっとも適切でしかもしばしば唯一の使用にたえる場所を、原理を曲げることはできないように見えても帰結はちゃんと生かされるような一つの方法で、決めてしまうのだ。

人が蜜蜂をさきほどのべた枠つきの大工場に住まわせるとき、その枠が巣板をつくるための恰好の出発点か拠点を提供していないかぎり、べつに彼女たちはそんなものを眼中に入れようとしない。蜜蜂が人間の願望や意図を気にも留めていないのはごく当然のことである。しかし養蜂家がいくつかの枠の上板に、細長い蠟の塊をそなえつけておくなら、蜜蜂はこの準備作業のもたらす利点をすぐにとらえ、蠟の細ひもを念入りにひき伸ばし、また自身の蠟をそこにくっつけながら、指示された設計図どおりに系統的に巣板を延長しはじめるにちがいない。同様に――今日の集中的な養蜂業においてはごくふつうのことだが――もし分封群を集めた巣箱のあらゆる木枠に、型取りされた蠟の断片を上から下までしつらえておくなら、蜜蜂はその傍らや横に建築することで、無駄な蠟を生産するような手間をけっしてとらない。このときは、自分たちの仕事が半ば終わっていることに気づき、薄板の中で輪郭のできている巣部屋をひとつひとつ掘り下げ引き延ばし、薄板が厳密に垂直になっていない箇所は順次修正を施すだけで満足するのである。こうしたやり方で彼女たちは別れてきた都市と贅沢さの点でも建築構造の点でも遜色のない都市を、一週間以内に手に入れることができるのだ。もし自分たちの手段だけでこれをおこなったら、同じくらい豊富な白い蠟の倉庫や家を建てるのに、二、三カ月は必要だったにちがいない。

IV

こうした適応精神は、本能の域をはるかに越えているようにおもわれる。それに本能と本来の意味の知性との、こうした区別ほど勝手なものもないであろう。ジョン・ラボック卿は、蟻やスズメバチや蜜蜂に関して、きわめて個性的な興味深い観察をした人物であるが、とくに熱心に研究した蟻にいくぶん不公平で無意識的な偏愛をいだいていたようだ。――というのもどんな観察者でも自分が研究している昆虫が他より頭がよくて注目に値する存在であることを秘かに願っているものだからである。たしかにこのささやかな自尊心の欠点には注意しておいた方がよい――その偏愛のためであろうか、ジョン・ラボック卿は、日常作業の習慣を一歩出るや、蜜蜂には一片の分別も理性的能力もないと断じるきらいがあった。彼はその証拠として、だれにでも簡単にくりかえせるひとつの実験をもちだしている。まずガラス罎の中に半ダースほどの蠅と同数の蜜蜂を入れておく。つぎに罎を水平に寝かせて、底のほうがアパートの窓に向かうようにする。すると蜜蜂のほうは、飢えか栄養失調で死んでしまうまで、何時間でも罎の底の側に出口をみつけようと必死になるだろう。それに対して蠅は、反対側の罎の口から、二分もたたないうちに全員が脱け出しているだろう。ジョン・ラボック卿はここから蜜蜂の知性はきわめて限られたものであり、蠅の方が窮地を脱し、抜け道をみつけるのに機敏であると結論を下した。この結論は、申し分がないとはとても言いかねるしろものだ。ためしにこんどは透明な罎の底と口とを交互に二〇回明るい方に向けてみるとよい。この場合、蜜蜂は二〇回とも光のさすほうへと全員同時に向きを変えるだろう。つまりイギリスの碩学の実験において蜜蜂をつまずかせていたのは、彼女たちの光への愛であり、また彼女たちの理性でさえあるといえるのである。彼女たちはあらゆる牢獄において、もっとも強い光がさす方向に解放の糸口があると当然のごとくおもいこみ、それに応じて行動しようとした。換言すればあまりに論理的に行動しようとしすぎたわけである。蜜蜂とすれば、ガラスという超自然的な神秘、突然通り抜けられなくなる大気などという自然に存在しない現象は、これまで一度もお目にかかったことがないにちがいない。そしてこの神秘や障害は、頭がよければよいほど、ますます容認しがたく、理解しがたいものにおもえるのだ。逆に思慮に欠ける蠅は、論理だとか、光への誘惑だとか、ガラスの謎だとかに無頓着に、ガラス器の中を行きあたりばったりに飛びまわる結果、賢い者がつまずいたところでも、単純な者がしばしばうまく切り抜けるのと同じ幸運にありついて、解放する出口をその通り道のどこかで必然的に見つけ出すというわけなのである。

V

この博物学者は、蜜蜂の知性の欠如を示すもうひとつの例をあげている。彼はそれを、あの尊敬すべき温情あふれる偉大なアメリカの養蜂家ラングストロースの文章の中にみつけている。

「蠅というものは」

とラングストロースは語っている、

「花の上で生活するわけではなく、溺れる可能性の充分にある物質の上で生活するよう運命づけられている。そのため液体状の糧が入った器のふちに止まるときは充分に注意を払い、慎重に餌を汲みとる。それに対して哀れな蜜蜂は、頭を下にして液の中につっこんでゆき、やがてそこで溺れてしまう。またほかの蜜蜂がこの餌に近づくときにも、同胞たちの不吉な運命が彼女たちを一瞬でも押し止めることがない。まるで気ちがいのようになって同胞の屍骸やその瀕死の姿の上に重なり、ついにはその悲惨な最期をともにしてしまうのである」

無数の飢えた蜜蜂に襲われた菓子屋の店先をのぞいたことがないと、とても彼女たちの狂気の規模が想像できないだろうと思われる。私はそのさまを目撃したことがあるが、シロップからは溺れた数千匹もの蜜蜂が引き上げられ、他の数千匹は煮立った砂糖の上に止まり、地面は覆いつくされ窓も蜜蜂の群れで光を通さないほどのありさまになる。そして自分の躰をひきずっているかとおもえば、とびはねている者もいるし、そのほかあまりに躰がべとついて、翔ぶことも這うこともできない者もある。こうして苦心惨憺して獲得した収穫をどうやら巣まで運ぶことができたのは一割にも充たないであろう。それにもかかわらず、空はあとからあとからおなじように理性を失った新参者の大群でびっしり埋っているのである。

しかしこの惨状も、人間の知性の限界を定めようとしている超人間的観察者が、アルコール中毒者の荒廃ぶりや戦場の光景を見たときと比較して、それほど決定的なものとはいえないだろう。蜜蜂のこの世界で置かれている状況は、われわれのものと較べてみると異例なものである。蜜蜂は、冷厳で無意識的な自然の中で生活するために、この世に生まれてきている。けっして周囲の堅固な法則を掻き乱したり、壮大な理解できない現象をつぎつぎに生み出したりする人間という驚異的な存在のそばで生活するよう、運命づけられているわけではない。自然の秩序の中なら、また生まれ育った森の単調な暮しの中なら、ラングストロースによって描かれた気ちがい沙汰は、偶然蜜のいっぱい入った巣がこわれ落ちでもしないかぎり、おこりえないはずのものである。しかもその偶然の事故の場合でも、致命的な窓があるわけでもないし、煮立った砂糖も、深すぎるシロップもなく、犠牲者をそれほど出さずにすんだはずであり、危険があっても、餌を追いかける動物ならどんなものにもつきまとう程度ですんだはずなのである。

もしなにか異常な力が、われわれの理性を刻一刻、ためしているとしたら、蜜蜂以上に冷静さを保っていられるだろうか。われわれ自身でその理性を狂わせておいて、蜜蜂に判断を下すということは、そう容易なわざではない。その知性はべつに人間の罠を見破るためにあるのではない。ちょうどわれわれの知性が、いまのところ知られてはいないが、存在の可能性を否定し去ることもできない、より優れた者のしかけた罠の裏をかくために備わっているわけでないのと同じである。私たちは、自分たちを支配する生物をまったく知らないため、この地球上で自分たちが生物の頂点に立っていると決めてしまっている。しかしこれも異論の余地がないわけではない。なにも、私たちがなにか混乱したくだらない行為をしたときには、実はある優秀な知性の罠にはまったのだということを信じなければならないと言うつもりはない。けれども、これもいつか真実にみえる日が来ないともかぎるまい。また他方、蜜蜂は図体の少し大きな猿とか熊から私たちを識別できず、私たちを原始林のばか正直な闖入者並みにあつかうから知性を欠いた存在だとは合理的にも主張しえない。

たしかに私たちの内部やまわりにも、実際は互いにいちじるしく異っているのに、それをよく識別できないような影響力や力が存在しているのだ。

私自身、先にジョン・ラボック卿に非難したのと同じ欠点を犯しはじめているので、この弁明を終えるために一言つけくわえるなら、あれほどの愚行が実行できるためには、それなりに知性ももちあわせていなければならないのではないだろうか。物質のもっとも不安定で動揺した状態であるこの知性という不確定な領域がかかわってくると、いつでも事情はおなじである。知性とおなじような光のもとにあるものに情熱がある。この情熱にしても、それが炎の燃えたあとの煙であるのか、炎を燃やす芯であるのか正確にいうことができない。この場合、蜜蜂の情熱は知性のよろめきを弁解するに足るほど気高いものである。あの向こう見ずな振舞いに彼女たちを駆り立てているのは、けっして蜜で思うぞんぶん喉を潤したいという動物的な欲求ではない。それなら巣の貯蔵室で心ゆくまでできるはずだ。おなじような状況で彼女たちを観察し、追ってみるとよい。きっと餌袋がいっぱいになると、すぐに巣にとって返し、獲物をそこに流し、ふたたびすばらしい収穫物をとりに行き、また戻り、結局一時間に三〇回も往復するようすを目撃することになるだろう。こんなすばらしい仕事をさせているのも、あの愚行のときと同じ欲求なのである。それは、同胞と未来の家のために、できるかぎりの利益をもたらそうという熱意である。もし人間の狂気が、これとおなじくらい無欲な動機をもっているなら、私たちはこれを狂気とは別の名で呼ぶだろう。

VI

しかし、真実はあらいざらいのべておかなければならない。その産業、保安体制、自己犠牲のすばらしさにもかかわらず、私たちをたえず驚かせ、その称賛の念に冷水を浴びせるような事実もないことはないのである。それは、仲間の死や不幸に対する無関心さだ。蜜蜂にはきわめて奇妙な二重性格がみられる。巣の中で、たしかに全員が愛し合い、助け合う。彼女たちそれぞれが、ひとりの人物のさまざまな思考とおなじように、互いに結び合わされている。そのうちの一匹でも傷つけられれば、他の千匹はその侮辱に復讐しようと、みずからを犠牲にするのも厭わないことだろう。ところが巣を一歩でも外に出ると、互いに知らないふりをしだすのである。ためしに巣からほんの数歩の距離に、蜜の入ったひとつの巣板を置いておき、その上で同じ巣から出てきた蜜蜂を一〇匹、二〇匹、あるいは三〇匹、その肢を切断するか踏みつぶすかしてみるのだ――いやそれを実行するならいたずらに残酷さをひけらかすだけなので、ここではやめておこう。というのも結果は目に見えているようなものだからである――ともかく、そのようにしたと仮定してみよう。すると無傷でそれをやりすごした他の蜜蜂は、傷ついた者たちに顔をふり向けようともせずに、中国刀のような形の奇抜な舌をつかって、命よりも大事な液を汲みつづけ、瀕死の者が最期の身ぶりで躰をすり寄せてこようが、まわりで悲嘆の叫びをあげていようが、いっこうに無頓着でいるだろう。そして蜜入りの巣板が空になってしまうと、なにものも無駄にしないよう、今度は犠牲者たちに付着している蜜を採るため、他の者がいることなどお構いなしに、また他の犠牲者を救おうともせず、無傷の採集蜂は平然と死傷者の上にのしかかっていくのだ。したがってこの場合、まわりに広がっている死がいささかも彼女たちを動揺させなかった以上、彼女たちには自分たちが陥っている危険の観念もないし、あまつさえ連帯感や同情などはもちあわせていないと断じざるをえないのである。危険についてなら、説明がつかないこともない。蜜蜂はおそれというものを知らず、煙をのぞいては、なにものをもってしてもたじろがせることができないからだ。彼女たちは巣から外出するとき、青空とともに忍耐強さや心遣いの念をも吸いこむらしい。そして邪魔者がいても、素直にそこから立ち去るし、あまり近くまで迫ってこない者には知らん顔をしてすます。つまり全員のものであり、だれもがそれぞれおのれの場所をもっているこの世界で、彼女たちは分をわきまえているらしいのである。しかしこの寛容の精神の下には、あまりにも確固としているため見せつける必要のないほど自信に溢れた心が静かに宿っているのだ。だれかに脅されると遠回りはするが、しかしけっして逃げはしない。そして巣の中では、このような危険に対して受動的に知らないふりをするだけで終止するわけではない。そのときは信じられないほどの激しさで、どんな生き物にでも襲いかかる。その聖域に触れようとする者があれば、蟻であろうがライオンであろうが人間であろうが、いっさいお構いなしに攻撃をしかけてくる。これを、私たちの精神的傾向にしたがって、怒りとも、ばかげた執念とも、ヒロイズムとも呼ぶことができるだろう。

しかし巣外部での連帯感の欠如については、また箱内部での共感についてさえ、なにも言うべきことばがない。どんな種類の知性にも、こうしたおもいがけない限界があると考えるべきなのだろうか。あれほどたくさんの反応の鈍い物質をなんとか燃やしてやっとのことで脳から発せられる知性という小さな炎は、いつもあまりに当てにならないものであり、ひとつのことをうまく解決するにも、他の多くを犠牲にしなければならないのだろうか。蜜蜂は、あるいは蜜蜂において自然は、他のどんな生物よりも完璧に、共同作業や未来への崇拝、愛情を組織したと評価することができる。そのせいで彼女たちはなにもかも忘れてしまうのだろうか。蜜蜂は自分たちの先にあるものを愛し、私たちは私たちの周囲のものを愛するのだ。おそらく、一方を愛せば他方で浪費するような愛は残らないものなのだろう。それに慈悲とか同情の対象ほど変わりやすいものもない。蜜蜂のこの非情さにしても、昔なら私たち自身、今日ほど驚かなかっただろうし、多くの先人はこのことで彼女たちを非難しようなどと毛頭考えなかったはずである。だいいち、私たちが蜜蜂を観察しているように、ある存在が私たちを観察しているとしたら、彼の驚愕をなにからなにまで見通すことが果して私たちにできるだろうか。

VII

蜜蜂の知性について、もっとはっきりした観念を得るためには、互いにどのように意志を伝達し合っているのかという問題を調べなければならないだろう。蜜蜂が互いに理解し合っていることは確実である。あれほど人口が多くまた多様でありながら、みごとに協調し合って働いている共和国が、数千の住民が沈黙し、精神的に孤立したままでいたのでは存続することもおぼつかないにちがいない。したがってなにか自分の考えや感情を表明する能力をもっているにちがいないのだ。それには音声的な言語をつかっているのかもしれないし、もっとありそうなのは、一種の触覚的な言語を利用している場合や、私たちにはまったく未知な感覚とか物質の特性に応じている、磁気的な直観の助けをかりている場合である。もしこれが事実なら、その直観の源は闇の中を触知したり、理解したりするあの不思議な触角――働蜂の場合、チェシャーの計算によると一万二千の触毛と五千の嗅覚孔とでできている――のどこかに存在している可能性が大きい。また彼女たちが日常作業についてお互い理解できるだけでなく、その言語には異常を意味する単語もきちんと存在し、それなりの位置を占めているようにおもわれる。そのことは吉報にしろ凶報にしろ、また日常的な種類のものにしろ、超自然的な種類のものにしろ、あるニュースが巣の中を伝わってゆくようすを見てみれば、一目瞭然である。そうしたニュースの中には、母蜂の失踪や帰還、巣板の落下、敵の潜入、別の女王蜂の侵入、盗賊団の接近、宝の発見などがあるだろう。こうした事件のひとつひとつに対して蜜蜂がとる態度や、そのときあげるささやき声は、それぞれの場合でひじょうに異っていて、また特徴的なので、経験豊かな養蜂家なら動揺した群れのかげで実際になにがおこっているのか、簡単に予想できるほどである。

もしも、もっとはっきりした証拠をお望みなら、窓際やテーブルの一角で、数滴の蜜を発見した一匹の蜜蜂を観察してみるとよい。この蜜蜂は、あまりにがつがつと蜜を呑みほそうとするので、この間にその前胸部に心おきなく、また邪魔する心配もせずに、絵具の小さなしみで印をつけることができるはずだ。もっとも、この大食ぶりも実は表面的なものにすぎない。このとき蜜は本来の意味の胃、つまり個体の胃と呼ばれるべき胃に容れられるのではない。それは餌袋、第一の胃、あるいはいわば共同体の胃の中にためられるのである。そしてこの貯蔵タンクがいっぱいになると、そこを離れるのだが、しかし蝶か蠅がやるようにまっすぐにさっさと翔んでいってしまうわけではない。それどころか、しばし彼女が窓の敷居やテーブルのまわりを注意深く行ったり来たりしながら、顔を建物の方に向けた後ろ向きのまま飛んでいる姿を目撃できるだろう。

そうやって場所を見覚え、記憶の中に宝の正確な位置を刻みこんでいるのだ。それから巣に帰り、貯蔵部屋のひとつに収穫を吐き出し、また三、四分後には踵を返しておもいもよらない宝が眠っていた、あの窓の敷居に新しい荷をかつぐためにふたたびくりだしてゆく。こうして五分おきに、蜜がなくならないかぎり夜までかかって、中断も休みもなしに窓から巣、巣から窓へと、規則正しい旅をくりかえすのである。

VIII

私は蜜蜂についての記述を著した多くの人々のように、真実を飾りたてようとはおもわない。この種の観察記は、それが完全に真正なものであるときしか、なんらかの興味を喚び醒すことができない。たとえ、ここで蜜蜂は外部の出来事を仲間に伝えることはできないと認めなければならなくなったとしても、私はそこにちょっと失望を味わえばすむことだ。そしてちょうどそれに見合う分だけ、結局人間がこの地球上に棲む真に知的な唯一の存在であるということを再確認して、いくらかの歓びを見出すこともできるだろう。それに、人生もある程度甲羅を経てくると、驚くべきことをしゃべるよりも、本当のことをしゃべっている方が大きな歓びを感じるようになってくるものである。そこで、あらゆる場合に言えることであるが、ここでも以下のような原理を厳守していくべきだろう。すなわち、もしなんの飾りもない真実が、その時点で可能な潤色よりも偉大でも、高貴でも、興味深くも見えないとしたら、誤りはその真実とわれわれの存在や宇宙の法則とのあいだに保たれているにちがいない未知の関係を、いまだに識別することができないわれわれの側にこそあり、また豊かにし、向上させていかなければならないのは真実ではなく、われわれの知性の方である、という原理である。

したがって、先の実験において蜜蜂がしばしば単独で戻ってくることを、私はここで白状しておこう。蜜蜂においても、人間と同じように性格のちがいがあり、寡黙な者もいれば、おしゃべりな者もいると考える必要があるのだ。私の実験に立ち合ったある人は、多くの蜜蜂が富の源泉を明らかにしなかったり、巣の住民には奇跡的と思えるにちがいない労働の手柄を、仲間のひとりに頒ち合おうとしないのは、あきらかにエゴイズムか虚栄によるものと主張した。これこそ何千もの姉妹たちの家の誠実で新鮮な香りにそぐわない不愉快な弱点だというわけである。しかし、それはともかく、幸運に恵まれた蜜蜂が、二、三匹の仲間を引き連れて蜜のところに戻ってくることもしばしばあったのである。ジョン・ラボック卿は『蟻、蜜蜂、雀蜂』という著作の補遺に、長く詳細な観察一覧表を作成しており、そこからは別の蜜蜂が情報提供をした蜜蜂に従うことは皆無に近いと結論できることを私も知らないわけではない。この博識な博物学者が扱ったのが、どんな蜜蜂なのかは知らないし、またその情況が特別に不都合なものだったかどうかもわからない。しかし私は私で、入念に作成した自分自身の表を参照し、また蜜蜂どもが蜜のにおいに直接ひきつけられることのないよう、できるかぎりのことをした上で調べた結果、平均して一〇回のうち四回は蜜蜂が他の仲間を連れてくることを確かめている。

そしてある日など、私が前胸部に青い色の印をつけておいた、実にすばらしいイタリア産の小さな蜜蜂にお目にかかることもできた。その蜜蜂は二回目の旅から早くも二匹の妹を連れて現われた。私は彼女の邪魔をしないで、二匹の妹たちを閉じこめた。すると彼女は巣に戻って、また別の二匹の仲間とともにふたたび現われた。そこでまた仲間を閉じこめる、このようにして午後おそくまでくりかえし、そして捕捉した仲間の数をかぞえてみると、彼女はニュースを一八匹の蜜蜂に伝えていたことが確かめられた。

ようするに、もし読者が同じ実験をするなら、規則的ではないにしろ、すくなくとも頻繁にニュース伝達がおこなわれることが認められるのにちがいない。この能力は、アメリカの蜜蜂採集家にひじょうによく知れ渡っており、そのため彼らはその能力を蜜蜂の巣をみつけるために利用しているほどである。ジョシア・エメリー氏によれば(ロメインズ著『動物の知性』一一七ページに引用されている)。

「蜜蜂採集家は仕事をはじめるにあたって、まずどんな飼育蜜蜂のコロニーからも距った野原や森を選んでおく。その場所に着くと、花の蜜をあさっている何匹かの野生蜜蜂をさがし、それらを捕えて蜜の入った箱の中に閉じこめておく。そしてその蜜を腹いっぱい貯えたのを確かめてから、それらを解き放つ。それからしばし待機するわけだが、この時間は蜜蜂たちが住んでいる木までの距離による。忍耐強く待っていると、かならず数匹の仲間を引き連れて戻ってくる蜜蜂にふたたびめぐり会える。前と同様それらをつかまえ、好物をあたえたのち、一匹一匹を別の場所で解放する。そしてそのとき蜜蜂たちが巣に帰るのに採る方角をできるだけ観察しておく。するとその方角をそれぞれ延長してゆき、それらが交差する地点が、巣のおおよそのありかであることが、彼らにわかるという仕掛けになっている」

IX

読者はそれぞれ実験してみれば、幸運にありついた蜜蜂の指示に従っているようにみえた仲間たちが、かならずしも共同歩調をとって宝の場所に飛んでくるとはかぎらず、それぞれの到着のあいだには、数秒ずつのずれがあるという事実を観察するはずである。そこでジョン・ラボック卿が蟻の伝達について解明したのと同じ問題を、ここで蜜蜂の伝達についても提起しておく必要がありそうだ。

仲間たちが最初の蜜蜂が発見した宝に寄っていくのは、単に最初の蜜蜂にくっついていったからなのだろうか。それとも最初の蜜蜂によって派遣され、その指示と場所の叙述に従いながら、自分たち自身でその宝をみつけだしているのだろうか。だれしも考えるとおり、このふたつのあいだには知性の範囲と仕事量において、計りしれないほどの隔たりがある。かのイギリスの碩学は歩道橋や廊下、水をいっぱいにたたえた堀や仮橋などでできた巧妙かつ複雑な器械をもちいて、蟻はこのような場合、単に情報提供者の足跡に従っているだけであることを明らかにすることができた。この実験は、実験家の望むとおりの箇所を通過させることのできる蟻には適用できた。しかし翅をもった蜜蜂の場合には、あらゆる道が開かれてしまっている。したがって、なにか別の方法を編み出さなければならない。以下にのべるのは私がもちいている方法であり、それはまだ決定的な結果をあたえるまでには到っていないが、もっとうまく整備され、もっと有利な状況が得られれば、満足できるだけの確証を生むにちがいないと秘かに考えている方法である。

田舎にある私の書斎は二階にあって、その下はかなり天井の高い一階となっている。菩提樹や栗の木の花が咲いている時期をのぞけば、蜜蜂はめったにこの高さまで飛ぶことがないので、私は観察をはじめるまでの一週間以上、テーブルのうえにひとつの無蓋蜜巣（つまり巣部屋の口が開いている蜜巣）を置き放しにしておいても、蜜の匂いにひきつけられてそこを訪れる蜜蜂が一匹もないようにしておけた。そして家からさほど遠くないところに置かれたガラス張りの巣箱から、一匹のイタリア産の蜜蜂をとりだす。さらにそれを書斎までもってゆき、蜜巣の上に据え、彼女が蜜をむさぼっているあいだに印をつけておくのだ。

満腹になると彼女は飛び去り、巣箱に帰ってゆく。後を追ってみると彼女が群れの表面に急ぎ、頭を空の巣部屋につっこみ、蜜を吐き出してから、また出かけようとしているようすが見てとれた。

私は待伏せをし、出口にふたたび現れてきたところをとりおさえる。こうしてまた別の観察対象をつかまえておなじ過程をくりかえし、そのつど他の蜜蜂がその跡を追うことができないように「誘いの」蜜蜂を取り除きながら二〇回実験をつづけてみた。実験をやりやすくするために、巣箱の扉に、揚げ蓋でふたつの部屋にわかれたガラス箱を備えつけた。もし印のついた蜜蜂が単独で出てきたときには、最初のときのようにただそれを閉じこめておけばよい。そして彼女にニュースを教えてもらっているかもしれない他の採集蜂が着くのを私は書斎で待つわけである。もし誘いの蜂が二、三匹の仲間といっしょに出てきたときには、彼女だけをガラス箱の第一の部屋に捉えておき仲間から分離する。そして仲間の方は別の色で印をつけてから放し、それを眼で追っていくわけである。あきらかに、もし場所の描写や方向づけの方法などをふくむ言葉の伝達や磁気的意志伝達がなされているなら、事情を教えられた一定数の蜜蜂が私の書斎にみつからなければならないはずだ。しかし結果は、一匹しか書斎にくるのがみられなかったことを認めなければならない。その一匹は巣箱の中で得た指示に従ったのだろうか、それともまったくの偶然にすぎないのだろうか。この観察はまだ不充分であったが、諸状況が私にこの観察をつづけるのを許さなかった。私は「誘いの蜜蜂」を解き放ち、やがて書斎はいつもの方法で宝の道を教えてもらった騒々しい一群に侵略されることになった。★1

この不完全な実験からはなにも結論をひきだすことができないが、他の多くの興味深い蜜蜂の特徴は、彼女たちが互いに「はい」か「いいえ」の二者択一を超えた交流をしていること、身ぶりだとか先例だとかによって決められる初歩的な関係の範囲を超えた精神的交流を保っていることを私たちに認めさせている。その特徴の中でもとりわけ巣における労働の流動的な調和、労力の驚くべき分担、そしてそこにみられる規則的なローテーションなどを挙げることができるだろう。たとえば私は、朝に印をつけておいた採集蜂が、午後になると——花があふれるほど咲いていないかぎりは——せっせと卵をあたためたり風を送っていたり、蜜蠟づくりや彫刻係が働いている神秘的な眠れる鎖の群れの中にまじっていたりするのをたびたび確認している。また一日、二日のあいだ花粉を集めていたとおもった働蜂が、翌日は花粉をまったく運ばず、花蜜だけを採りに出かけていることや、その逆の現象を観察したこともある。

さらに労働の分担の観点でいえば、有名なフランスの養蜂家ジョルジュ・ド・ラヤンが「製蜜植物上の蜜蜂の分布」と名づけたものをあげることができる。毎日、陽がのぼりはじめ、曙の探険隊が帰ってくるとともに、目を醒ました巣箱は、土地に関する吉報を耳にする。「きょう、運河沿いの菩提樹に花が咲いた」、「白いクローバーが道端の草を照らしていた」、「牧場のエビラハギやサルビアの花がじきに開きそうだ」、「ユリや木犀草が花粉であふれていた」などなど。こうなるとすばやく編成隊を組み、計画を練り、仕事を分担しなければならない。もっとも頑強そうな者が五千ばかり菩提樹に向かい、もっとも若い者三千が白いクローバーをにぎわせるだろう。昨日、花冠の花蜜を求めていたものたちは、今日、舌と嗉嚢の分泌腺をやすませるために、一部が木犀草の赤い花粉を採りに行き、他の者たちは大輪のユリの花から黄色い花粉を採りに行くのである。というのも一匹の蜜蜂がおなじ日に色や種類のちがう花粉を採集したり、混ぜ合せたりすることは絶対にないからだ。香り高い花粉を、色合いや種類に応じて、貯蔵房の中で組み合せることは、巣の重大な関心事のひとつとなっている。こうしてさまざまな指示が隠された精神によって配分されてゆく。労働蜂たちはすぐに長い列をなして出かけ、各自まっすぐに自分の務めに飛んでゆく。

「蜜蜂は、巣から一定半径内にあるあらゆる植物の場所、その蜜の相対価値、そこまでの距離についての完全な情報をつかんでいるようだ」

とド・ラヤンはのべている。

「もし採集蜂の飛んで行ったさまざまな方向を注意深くマークし、あたりのさまざまな植物において彼女たちがどれだけ収穫していったかを詳細に観察するなら、採集蜂がお互いの編成を同種の植物の数に合せているばかりでなく、同時にその植物の蜜製造量にもつり合うよう決めていることがわかるだろう。そればかりではない。彼女たちは毎日、どの液がもっとも甘く最上の収穫が得られるかということさえ見定めているのだ。

たとえば春、柳の開花期がすぎ、まだ野原ではどんな花も咲いていないころ、蜜蜂にとっては森の早咲きの花だけが資源であるようなとき、人々は採集蜂がせっせとアネモネ、ムラサキ、ハリエニシダ、スミレなどを訪れているのを目にすることができる。それから数日後、キャベツ畑や菜種畑でかなりの花が開花してくると、彼女たちは森の花盛りの植物を訪問することをはたとやめてしまい、キャベツや菜種の訪問に没頭するようになるのである。

こうして彼女たちは、毎日のように植物に対する編成を調整し、できるだけ短い時間に、できるだけ最上の甘い液を収穫しようとするのだ。

したがって、蜜蜂のコロニーは巣内部と同様に、収穫の仕事においても分業の原則を適用し、働蜂の合理的な編成を確立することを心得ているのである」

XI

しかし、蜜蜂が多少とも知性的な存在であることが、われわれとなんの関係があるのかという向きもあるかもしれない。なぜ、ほとんど目で見ることもできないような小さな物質の跡を、まるでそれが人間の運命が依存している神秘的な流体でもあるかのように、念を入れて吟味するのか、と。けれども私はなんの誇張もなしに、そこにみいだしうる利益は、計りしれないものがあると信じているのだ。人間以外のものに本当の知性の兆候を見つけること、そこにわれわれは孤島の砂浜に人間の足跡を発見したロビンソン・クルーソーの感動に似たものを感じている。われわれが信じているほど、われわれは孤独な存在ではないらしい。蜜蜂の知性を理解しようとするとき、われわれが本当に研究しようとしているものは、結局われわれの本質のもっとも貴重な部分なのである。それはあの驚くべき物質原子、つまりそれがあるところ、かならず生活を組織し、美しいもの豊かなものにし、死という執拗な力や、、永遠の無意識の中で生きているほとんどあらゆる者を呑みこんでしまう無分別な大波を、まことに驚くべきやり方で中断させてしまうみごとな特性をもった、あの驚異的な物質原子なのである。

もしわれわれだけが、知性と呼ぶ一片の開花し白熱した特別な状態にある物質を所有し維持しているとするなら、たしかにわれわれという存在は、恵まれた地位にいて、自然はわれわれのうちに一種の目標に達したと自負するいくばくかの権利をもっていることになるだろう。けれどもここに膜翅類という一連の別の範疇の生物がいる。そこでも自然は同じような目標に到達しているのだということも忘れてはならない。むろん、だからといってなにかが決定できるわけではない。けれどもこの事実は、地球上におけるわれわれの位置を解明するのに役立つ諸々の事実の中で、それなりの立派な位置を占めていることになんら変りはないのだ。

ある見方からすれば、ここには私たちの存在のもっとも不可解な部分の転写刷りがあると言えるだろう。ここには、私たちが人間を眺めるために登りつめたどんな地点よりも高いところから見下すことのできる運命の累積がある。ここには、われわれ人間の法外に大きな領域では、とことん解きほぐすことも、最後まで追いかけてみることもできないような大きく単純な線が縮尺された形で存在している。ここには、精神と物質、進化と不変性、過去と未来、生と死が、片手でもちあげられ、ひと目で隅から隅まで見渡せてしまうほどの小さな部屋の中に集められている。私たちは、数日間が百年に相当するような蜜蜂の巣の小さな歴史において、三世代だけで早くも一世紀を越えてしまうような人間の大きな歴史におけると同様、自然の隠された理念をなんとか捉えようと努力しているが、いったいその自然の隠された理念が、人間と蜜蜂のあいだにみられる肉体的な強さのちがいや、その肉体が時空のなかで占めている位置のちがいによって、私たちが考えているほど大きく変化するものかどうか、大いに再考してしかるべき問題ではないだろうか。

XII

さて巣箱の歴史を私たちが置き去りにしてきた地点からふたたび始め、あの花づなのカーテンの襞をできるだけこじあけてみることにしよう。そのカーテンの中では、分封群が雪のように真白な、羽毛のように軽いあの不思議な分泌物を滲ませはじめている。不思議なというのは、生まれてくる蠟が私たちの誰もが知っている蠟とは似ても似つかないものであるからだ。それはしみひとつなくまったく重量感を感じさせず、花の精である蜜の魂であるかのようだ。その魂はもともとは蒼空や芳香にあふれた澄みきった空間や崇高な光をふんだんに含み、そして純粋さや華麗さにみちていたものであることを思い出させるようすがとして招魂され、奥の祭壇の香り豊かな光となるのである。

XIII

巣づくりを始めた分封群における蜜蠟の分泌や用途の諸段階を追跡してゆくことは、困難をきわめたことである。群れの塊りがしだいに密集してくることによって、若い蜜蜂の特権であるあの分泌に好都合な温度がつくり出されるにちがいないのだが、すべてはその群れの奥深くでおこっていることなのである。ユベールは信じられないくらいの忍耐と、かなりの危険も省みずに、こうした蜜蜂を研究した最初の人物であるが、彼は自著の二五〇ページ分を割いてこの現象に当てている。その部分はきわめて興味深いと同時に当然のことながら混乱した点も見られる。私としては、専門書を書いているわけではないので、彼があれほど巧みに観察した成果を必要に応じて参照しながら、ガラス張りの巣箱の中に分封群を集めたことのある人ならだれでも見ることができるような事実を、ここに報告するだけにとどめたいとおもう。

まずはじめに、どのような錬金術の作用によって、ぶらさがった蜂たちの謎にみちた躰の中で蜜が蜜蠟に変るのか、いぜんとしてわかっていないことを白状しておかなければならない。確認できるのはただ、巣箱の内部が炎にくすぶられているのではないかと思えるほどの高温の中で、一八時間から二四時間待つと、真っ白い透明な鱗片が、蜜蜂の腹部の両脇に位置している四つの小さな襞の先に現れてくるということだけである。

こうして逆円錐形を形成しているものの大部分がその腹を象牙の細片で飾っているとき、そのうちの一匹がだしぬけに突然霊感にうたれたかのように群れから離れ、じっとしている群衆の斜面を丸天井の内側の頂点まで急いでよじ登り、動きを邪魔する隣人たちを頭突きで遠ざけながら、その頂点にぴったりくっつく。そして彼女は自分の腹の八つの鱗片のひとつを肢と嘴で捉え、それを削り、鉤をかけ、柔かくし、唾液でこね、展延性のある建板をあつかっている指物師にも劣らない巧みさで撓めたり戻したり、つぶしたり練り直したりするのである。そして最後に、このようにして練りあげられた材料が望みどおりの寸法と固さに仕上がったようにおもわれたとき、彼女はそれをドームの天井に押し当て、こうして新都市の礎石を置くのである。いやむしろアーチの要石というべきかもしれない、というのもこの街は人間の町のように地表から突き立つのではなく、空から下に降りてゆく逆立ちした街だからである。

それが終わると彼女は、なにもないところに吊り下げられた要石に、自分の象牙製の輪の下から順次とりだしてくる他の蠟片をつけ合せる。そして全体に、舌と触角をつかって最後の仕上げをおこなう。それがすむと、来たときと同じ唐突さで引きあげ、群れの中に消えてゆく。

その直後、別の一匹が彼女の後を継ぎ、そのままにしていった地点から仕事をやり直し、自分の分を加え、種族の理想的な設計図どおりになっていないところを修正し、そしてまた消えてゆく。こうして第三、第四、第五の者らが、霊感にうたれたような突然の出現をくりかえして後につづき、どれか一匹が成し遂げるというのではなく、全員がこの協同作業にそれぞれの役割を果してゆくのである。

XIV

こうしてまだ形をなしていない蠟の塊りが丸天井の頂点から垂れさがる。そして充分な太さにまでなったように見えたとき、房の中からそれまでの基礎工の蜜蜂とは、はっきりそれとわかるほど外見の異った別の蜜蜂が一匹現れてくる。その決意のほどの確かなようすや、まわりを取り巻いている者たちの待機中の態度を見るかぎり、彼女は一種の霊感を受けた技師であり、突然なにもないところに最初の巣部屋の位置を指定する役目を負っていると信じてよいことがわかる。他のすべての巣部屋はこの最初の部屋に、数学的な厳密さで依存することになるのだ。いずれにせよ彼女は蠟を生産するわけではなく、他の者が提供する材料にさまざまな手を加えるだけで満足する彫刻家とか彫金師の階級に属している。したがって彼女は最初の巣部屋の敷地を選び、しばしのあいだ塊りの中に穴を掘り、底の方からとり除いた蠟は、窪みの周囲にそそり立っている縁へと戻す。ついで基礎工たちのときとおなじように、彼女も突如としてその下準備を捨てる。すると忍耐強く待機していた別の働蜂がそれにとってかわり、仕事をやりなおす。つぎに三匹目がそれを完了させようとする。そうしているあいだにも、まわりで別の者たちが中断しては継続するというおなじ仕事のやり方で、表側の残りと蠟でできた壁の反対側に手をつけてゆく。そのようすはまるで巣の基本的な法則が労働の誇りを分担させているかのようであり、また巣がより親密になるように、ここではどんな仕事も共同のもの、無名のものでなければならないと決まっているかのようだ。

XV

やがて生まれつつある巣板の姿が現れてくる。それはまだレンズ状をしている。なぜなら巣板を構成している小さな柱状の管は、それぞれさまざまな長さをもっていて、中央部から端にかけてしだいに短くなるようにできているからである。このとき巣板は、ほぼ人間の舌と同じ形、同じ厚さをもち、両面には並置され背を向け合った六角形の巣部屋がずらりと形成されている。

最初の巣板の巣部屋群がすべて建築されると、すぐに創設者たちは第二の蠟の塊りを丸天井に固定させる。そして順次第三、第四と建てててゆく。これらの塊りは、やがて巣板があらゆる機能を備えるとき（それはかなり後にようやく達せられるのだが）、平行に走る壁のあいだを蜜蜂たちが往来できるだけの隙間がかならず開かれているように、互いに規則的で、計算された等間隔で並べられるのである。

したがって蜜蜂は、二二〜二三ミリメートルという各巣板の最終的な厚みを、設計図の段階ですでに予想していなければならないことになる。それと同時に各巣板を隔てている通路の幅も予想しているはずである。それは約一一ミリメートルすなわち一匹の蜜蜂の体長の二倍になっている。それは巣板と巣板のあいだを、蜜蜂が背中合せで通過しなければならないからである。

といっても彼女たちが絶対まちがえないというわけではなく、またその確信も機械的なものではないようだ。困難な状況におちいったりすると、重大な誤りを犯すこともままある。空間をあまりにとりすぎたり、逆に少なすぎることもしばしばでてくる。そのときは、あまりに近づきすぎる巣板をわき道にそらせたり、あまりに広すぎる隙間には不規則的な巣板をつけくわえて、できるだけこれを修正する。この点についてレオミュールは、

「しばしば蜜蜂もまちがえることがある、そしてこれもまた彼女たちが判断力をもっていることを示す事実のひとつとおもえる」とのべている。

XVI

蜜蜂が四種類の巣部屋を建てることは知られている。まず例外的なもので、どんぐりに形が似ている王台、ついで雄蜂の飼育に当てられ、そのほか花があり余っているときは食糧貯蔵にも当てられる大きな巣部屋、そして働蜂のゆりかごと普通の貯蔵庫の役をする小さな巣部屋、これは巣箱の建築全面積の八割を占める。最後に、うまく大部屋と小部屋を連絡させるために、彼女たちが建てる一定数の中間的巣部屋である。この最後のものの必然的な不規則性は別にして、第二と第三の種類のもののの規格はひじょうによく計算されている。そのためメートル法制定の際、自然界になにか動かしがたい基準か原基になるようなものがないかと人々が探したとき、レオミュールは蜜蜂の巣部屋を提案したほどである。しかし、その原基はそれなりの理由で廃棄された。巣部屋の直径は、賞讃に値するほどの規則性をもってはいるが、惜しむらくは生命組織によって生みだされるものすべてに言えるように、ここでも同一の巣においてさえ、それぞれの巣部屋が数学的厳密さで不変であるわけではないのだ。さらにモーリス・ジラール氏が指摘しているように、べつべつの種類の蜜蜂は、それぞれちがった巣穴の辺心距離（正多角形の中心から辺までの距離）をもっており、そのため原基は、どんな種類の蜜蜂がそこに住んでいるかによって、巣がちがえば変ってきてしまうのである。

巣穴のそれぞれは、ピラミッド形の基底の上に置かれた六角形の管になっている。各巣板は、基底を中心に反対側を向いた二列の管の層でできていて、表側の巣部屋のピラミッド形の基底を成している三つの菱形のそれぞれが、同時に裏側の三つの巣部屋のやはりピラミッド型の基底を形成するようになっている。

蜂蜜が貯えられるのはこれらの柱状の管の中なのである。この管がもし一見そう見えるように水平になっていると、蜂蜜が熟成しているあいだにこぼれてしまうが、それをさけるために管は角度にして四度か五度くらい軽く持ちあげられている。

レオミュールはこのみごとな建築全体を考察しながらつぎのようにのべている。

「こうした配置の結果得られる蠟の節約を別にしても、つまり蜜蜂がまったく隙間をつくらずに巣部屋をふさぐことができるということを別にしても、この建築は工事の堅牢さの点からも有利な仕組になっている。各巣部屋の基底の角《かど》、つまりピラミッド形の窪みの頂点は、反対側の六角形のふたつの面がつくる稜によって支えられている。三つの菱形によって閉じられた窪みの一優角をみたしているふたつの三角形、あるいは反対側の六角柱のふたつの面の延長は、その接触点で平面角をつくっている。巣部屋の内側に向かって凹型になっているこれらの平面角それぞれが、別の巣部屋の六角を形成するのにつかわれる細片のひとつを凸状に支えている。この角を支えにしている細片は、外に押し開こうとする力に対してもちこたえる仕組になっている。こうしてすべての角が強化されるのだ。各巣部屋の堅牢さに対して要求することのできるあらゆる利点が、その巣部屋の形自身から、そしてお互いの並び方そのものから得られているのである」

XVII

ライト博士はつぎのごとくのべている。

「ひとつの面を、隙間なしに、同じ大きさの正多角形で仕切るのにつかえる図形は、三種類しかないということは幾何学者には周知の事実だ。

それは正三角形と正方形と正六角形であり、最後のものが巣部屋の建築に関しては便利さの点でも耐久性の点でも、他のふたつよりも勝っている。そして蜜蜂が採用しているのは、まさにまるでその利点を心得てでもいるかのように六角形なのである。

同様に、巣部屋の基底部は一点で交わる三つの平面で構成されている。そしてこの建築方法が労力の点からも材料の点からも、驚くべき節約をもたらすものであることが示されている。残された問題は、どれくらいの面の傾斜角があれば、もっとも経済的であるかという点である。これはひじょうに高度な数学的課題であり、何人かの学者、とくにマクローリンによって解かれている。彼はその解をロンドンの英国学士院の会報に載せた。そしてこのように計算ではじき出された角度は、巣部屋の底で測った角度と、よく一致している」[★2]

XVIII

もちろん私は、蜜蜂がこの複雑な計算に取り組んだと信じているわけではない。けれども偶然とか、ものごとの成り行きだけでこの驚くべき結果が生みだされたとなるとなおのこと私には信じられないのである。たとえばスズメバチも蜜蜂と同様に、六角形の巣部屋をもつ蠟板をつくり、同じ問題をかかえているが、その答えは蜜蜂にくらべてはるかに拙劣なものだ。スズメバチの巣板は巣部屋の層がひとつしかなく、蜜蜂の蠟板の互いに反対向きの二層に同時につかえるような共通の基底部というものももっていない。したがってそれはあまり堅固ではないし、不規則性が多く、また必要な労力の四分の一、必要な場所の三分の一、と算定できる時間や材料や場所の無駄がでてくる。同じように本当の飼育蜜蜂の仲間でありながら、文明がそれほど進んでいないハリナシミツバチ属(*Trigones*)やオオハリナシバチ(*Méliponites*)属なども、飼育房を一列しか建てず、水平に積み重ねた蠟板を、不恰好で無駄の多い蠟の柱で支えているのにすぎない。その貯蔵部屋についていえば、それは雑然と寄せ集められた大きな革袋のようになっている。そして各巣部屋を互いに交差させることもできる所に、蜜蜂のように材料や場所を倹約できる所に、ハリナシバチはそのような倹約が可能であることに気づかないまま平らな隔壁をもった巣部屋を不器用に挿入するだけである。こうしてもし、このような巣のひとつを、私たちの蜜蜂の数学的な都市と較べてみるなら、まるで、時間、空間、物質に昔以上に荒々しく立ち向かった現代人の天分の、おそらく魅力に欠けるところはあるが論理的な帰結である人間の情け容赦ない規則的な大都会のそばに、原始的な小屋でできたひなびた村を並べてみているような気がするにちがいない。

XIX

ある通説、もっともそれはビュフォン以来新しくされてはいるが、その通説によれば蜜蜂にはピラミッド型の基底部をもった六角形の巣穴をつくる意志はまったくなく、ただ蠟の中に丸い巣部屋を掘ろうとしているのだが、周囲の者や巣板の反対側で働いている者たちが同時に同じ意図のもとに掘っているため、巣部屋が接触して結果的に六角形になるのだ、と主張されている。このことは結晶だとか、ある種の魚の鱗だとか、シャボン玉などでもおこることだとつけ加えられる。それはまたビュフォンの提案しているつぎのような実験でもみられるところである。ビュフォンが言うには、

「ある容器に円筒型の豆か種子をみたし、そこに水をたがいの種子のあいだにもたまるまで注ぐ。そしてそのあと蓋をしておく。それからこの水を煮立たせていくと、あの円筒型だったものが六角柱になっているだろう。そのまったく機械的な理由は明白である。円筒型をしているそれぞれの種子は、膨張するときに一定の空間内でできるだけ広い場所を占めようとする。したがって種子は相互に圧力を及ぼし合うことになって、まったく必然的に六角形になるのである。それぞれの蜜蜂も同じように一定の空間の中でできるだけ広い場所を占めようとしているのだ。だからこの場合も、蜜蜂の躰が円筒形をしている以上は、その巣部屋がお互い邪魔し合うという同じ理由で六角形になるのは必然なのである」

XX

つまり驚異を生みだしているのはお互いの妨害だということになる。ちょうど個々の人間の悪徳が同じような理由で、全体の美徳を生みだしたように。人類が個人としては醜い存在であっても全体ではそうでもないようにするためにはその美徳で充分なのである。しかしここでまず、ブラウン、カービー、スペンスらとともに、シャボン玉や豆の実験はなにも証明したことにならないと反論することができるはずだ。なぜならいずれの場合でも、圧力の効果はきわめて不規則な形しかつくることができないし、巣部屋の結晶形の基底部の存在理由を説明できないからである。

そしてとりわけ、つぎのように反論できるだろう。すなわち、盲目的な必然性といってもそれを利用するのにさまざまなやり方があり、たとえばスズメバチやマルハナバチや、メキシコやブラジルにいるハリナシバチやハリナシミツバチなどは、同じ状況に置かれ同じ目的をもっているにもかかわらず、まったく異った、しかも明らかに劣った結果にしか到達できないではないか、と。そのうえさらに、もしかりに蜜蜂の巣部屋が、結晶や雪やシャボン玉やビュフォンの煮立った豆などの法則に従っているにすぎないとしても、彼女たちは巣部屋全体の調和や、反対向きの二層の配列や、計算された傾斜など、物質の中ではけっしてみいだされない他の多くの法則にも同時に従っていることを忘れてはならない。

さらに、人間の全叡知も結局は同様な必然性を利用するその方法にかかっていると言ってさしつかえあるまい。かりにその方法がわれわれの考えるかぎり最良のものと自負できるとしたら、それもただ単にわれわれには自分たちを超越するような判定者を知らないからであるにすぎないとも言えるのだ。しかしだらだらと詭弁を弄したところで事実の前には謙虚でいるべきだろう。実験によって引き出された反対意見を論駁するためには、もうひとつ別の実験をもってするのにこしたことはない。

ある日、私は六角形の建築が実際に蜜蜂の精神の中に刻まれていることを確認するために、巣板の中央部で蜂児と蜜のいっぱい入った巣部屋のいずれをも含む場所から百スー貨大の円盤を切り抜いて、取り除いてみた。ついでその円盤を縁《ふち》の中央あるいは周縁の厚みの中央、つまり巣部屋の基底部が両側から合わさっている箇所で、ふたつに断ち割り、こうして得られたふたつの部分の一方の基底部に、円盤と同じ寸法の錫の板切れをくっつけておいた。その板切れは蜜蜂が変形させることも、曲げることもできないように丈夫にできている。そうしておいてから私はその板切れのついた方の部分を元の場所に戻したのである。巣板の片側は損害が修復されているのでなんの異常も認められない。しかし反対側には三〇もの巣部屋のかわりに、基底部が錫の板切れでできた一種の大きな穴があいていることになる。蜜蜂たちははじめ狼狽したようすで、集団でこのありそうにない深淵をためつすがめつ吟味し、数日間はまわりをうろうろするだけでなんの決定も下さなかった。しかし私は毎晩たっぷりと食糧を供給したので、たくわえを貯蔵するための余分な巣部屋がなくなるときがきてしまった。偉大な技師、選り抜きの彫刻家、蠟づくり係らがこの無駄な淵をなんとか利用するよう指令を受けたのは、おそらくこのときであろう。

まず蠟づくり係らが重そうな花づなを形づくって、蠟分泌に必要な熱を維持するために穴を覆う。そのあいだ他の蜜蜂たちは穴の中に降りていって金属片をしっかりと固定させる作業に着手する。巣部屋を切りとったとき、きちんと切っていないので穴のまわりの巣部屋の稜角には小さな蠟のでっぱりが残り、この等間隔に並んだでっぱりが作業をするときの手掛りとなる。そして蜜蜂たちは金属片の半円型上部で、三つか四つの巣部屋を例のでっぱりにつなげながら作ってゆく。これらの過渡的あるいは修復された巣部屋は、それぞれその上部が巣板の隣接する巣部屋に接合しなければならないため、いくぶんなりとも変形させられている。ところが下半分の方は、錫板の上にいつでも正確な三つの角度を描いている。そしてそこからは、つぎの巣部屋の前半部の輪郭を描く三つの小さな直線がすでに現われているのだ。

穴の入口で同時に働くことができるのは二、三匹の蜜蜂にすぎなかったのに、四八時間もすると錫片の全表面は輪郭ができあがった巣穴で覆いつくされる。これらの巣穴はもちろんふつうの巣板の巣穴とくらべて不規則である。だからこそ女王蜂はそこを通るとき賢明にもその中に卵を産もうとしない。なぜなら、そこからは虚弱児しか生まれてこないからである。しかしどれもみな完全に六角形をしていて、たった一本の曲線も、たったひとつの丸みを帯びた形や角《かど》も、そこにはないのだ。いつもの条件はすっかり変ってしまっているにもかかわらずである。つまりこれらの巣部屋はいずれも、ユベールの観察では塊り、ダーウィンのそれでは蠟頭巾と表現されているあの巣板に、穴が穿たれたわけでも、はじめ丸いものが隣同士の圧力で六角形になったのでもない。相互の妨害などは問題外である。なぜなら巣部屋はひとつひとつ段階的に生まれてきたのだし、一種の白紙状態の上に糸口となる小さな線を自由に引いたものだからである。したがって六角形は機械的な必然の結果などではなく、蜜蜂の設計図の中に計画され、その経験、知性、意志の中にたしかに存在していたことは確実だとおもわれる。

このとき私が蜜蜂の利口さについて気がついた、もうひとつ別の興味深い点は、彼女たちが金属片の上に築いた巣穴の受け皿には、その金属片自身のほかにどんな底ももっていないという点である。修復隊の技師らは当然、錫が蜜液をとどめておくのに充分であると予想し、そこに蠟を引くには及ばないと判断していたのである。ところがしばらくたって、そうした受け皿のうちのふたつに、数滴の蜜が注がれると、技師たちは金属との接触で多少とも蜜が変質してしまうことにたぶん気がついたのだ。彼らはそれから考えを変え、錫の表面全体を一種の半透明のニスで覆ったのである。

XXI

もしこの幾何学的建築の秘密をなにからなにまで明らかにしつくそうとするなら、さらにいくつかの興味深い問題を検討していかなければならないだろう。たとえば、巣の天井にくっついている最上段の巣部屋は、天井にできるだけ多くの点で接触できるよう形が修正されているといった問題がある。

また、巣板が平行に作られることによって決まる幹線通路の方向の問題もある。しかしそれよりも小さな露地や通り道の配置の問題に充分注目しなければならないだろう。これら小通路は、物の運搬や空気の流通を確かなものにし、巣の内部であまり長い迂回路をとらなくてもすむように、またあまり混雑することのないように、巣板の中を通り抜けたり、あるいはそのまわりのあちこちに設けられているのである。さらには中間的な大きさの巣部屋建築のことを調べなければならないし、ある決まった時期に巣部屋の規模を拡大するよう蜜蜂に促す、共通の本能についても研究しなければならないだろう。この拡大の要因には、莫大な収穫が大容量の容れ物を要求するようになったとか、住民の人口が大きすぎると判断されたとか、雄蜂の誕生が必要になったとか、さまざまに考えられる。それと同時に、このような場合に蜜蜂が、小さな巣部屋から大きな巣部屋へ、大きな巣部屋から小さな巣部屋へ、完璧な対称性から不可避的な非対称性へと形を変えるときに見せる彼女たちの倹約精神と調和のとれた確信とに感心しないわけにはいかない。しかもこの転換は変動する幾何学の法則が許せばたったひとつの巣部屋も無駄にせず、建物の後続部に犠牲にされる地域がでたり、幼稚な設計をしたり、躊躇したような所がでたり、あるいは使用不可能な地域が出たりすることのまったくないまま、あのもとの理想的な規則性に戻れるのである。しかしここまでくると、おそらく自分の眼で一度も蜜蜂の飛翔を追ったことがなく、とおり一遍の興味しか蜜蜂に感じたことのない読者にとって、面白味に欠ける些末事にすでに迷いこんだことになるかもしれない。ちょうど私たちのだれもが花や鳥や宝石などに、とおり一遍の興味は示すけれども、ふつうそこに皮相で空疎な確信を得ることしか要求しないように。私たちは自分たちのもっとも興味深い情熱、もっともひとりよがりに調べられている情熱こそ、自分たちの目的や起源の奥深い謎に関与していると思っている。しかし本当は人間以外の自然の対象のどんな小さな秘密でもそれ以上に私たちのそうした謎に深く関与しているのだ。

XXII

この本の研究をあまり重苦しいものにしないために、蜜蜂が巣板を延長拡大しようとするとき、巣板の端を薄くしたり解体したりするよう促す彼女たちの驚くべき本能についても、ここでは触れずにおくことにしよう。ただ、建て直すために解体する、あるいは一度作ったものをさらに規則的に作り直すために壊すということの中には、ただ単に建てるという盲目的な本能だけではない、なにかそこに本能からの分離がうかがえるという点は同意してもらえるだろう。また人が蜜蜂に対して、円や楕円や筒状や、さらに奇妙な輪郭をもった巣板を建てさせるためにおこなうことのできる注目すべき実験のことや、巣板の出っぱった部分の拡大された巣部屋を、隣の巣板の引っこんだ部分の縮められた巣部屋に、うまい具合にぴったり合せる巧みな方法のことも、ここでは論及の対象からはずすことにする。

それでも、この主題からはなれて、つぎの論題へうつってしまう前に、蜜蜂がひとつの巣板の反対向きの両面を同時に、しかも互いに相まみえることなく掘ってゆくときに、彼女たちがどのような不思議な方法で協議し、寸法を合せているのかを考えてみるために、たとえ一分間だけでも足を止めてみよう。巣板のひとつを透して見てみると、半透明の蠟の中に鋭い影となって描かれた、角《かど》のきわめてはっきりした柱体の網の目組織、どこにも誤りなく符合した一体系を見ることができるだろう。その明確さ、および確実さはまるで鋼鉄で型取りされたように見えるほどだ。

巣の内部を覗いたことのない人に、巣板の配置や外観が充分に思い描けるかどうか、私には心もとない。蜜蜂が自分の好みのままに作れるようになっている農家の巣の場合を取り上げるなら、藁や柳の細枝でできた釣鐘型のものを思い描いてもらえばよい。この釣鐘は上から下まで五、六、八、ないししばしば一〇もの完全に平行になったパンの切り身によく似ている蠟の薄片で区切られている。この薄片は釣鐘の頂点から下に降りてゆき、輪郭は壁の卵形にぴったりそうようになっている。それぞれの薄片のあいだは一一ミリくらいの隙間があり、そこに蜜蜂が止まっていたり、往き来したりするのである。巣の上部でこうした薄片のひとつに建設がおこなわれはじめたときには、その下描きであり、のちに薄く引き延ばされる蠟の壁は、まだかなり厚ぼったく、表側で働く五、六〇匹の働蜂を裏側で同時に掘っている五、六〇匹からまったく切り離してしまう。したがって彼女たちの眼が、不透明な物質を透かし見る能力でももっていないかぎり、互いに相手を見ることはできない仕組になっている。それにもかかわらず、表側の蜜蜂は、裏側の突起や窪みの正確に対応しないような、どんな穴を掘ることも、どんな蠟片をつけ加えることもけっしてしない。これは裏側の蜜蜂でも同じである。いったい彼女たちはどのように事に当っているのだろうか。どうやって深くまで掘り過ぎたり、充分な深さまで掘り足りなかったりしないのだろうか。

どうしたら菱型の角度がみな、かならずといっていいほど奇跡的に合致するのだろうか。なにが蜜蜂たちに、ここから始め、ここで終わるように伝えているのだろう。ここでもまた、「それこそ巣の神秘のひとつである」という、答えにならない答えで私たちは満足しなければならない。ユベールは、蜜蜂は一定の間隔をおいて肢や歯で圧力をくわえ、巣板の裏側にわずかな突起をつくっているのではないかとか、蠟の柔軟性や弾性やなにか別の物理的な特性によって塊りのかなりの厚さを知ることになるのではないか、あるいは触角が物体のもっとも細かな細部や輪郭をも調べる適性をもち、見えない世界でのコンパスの役目を果しているのではないか、またあらゆる巣部屋の位置関係は、第一列の配置や寸法から数学的に決められ、他の測定など必要ないのかもしれない、などの意見を披瀝してこの神秘を説明しようとした。しかしこれらの説明はいずれも充分なものとはいえない。一部は検証不可能な仮説であるし、他のものは単に謎を移しかえただけのものである。たしかに謎はできるだけどこかへ移した方がよいかもしれないが、問題をすりかえただけで謎を打ち砕いたなどと思いあがるのは禁物である。

XXIII

ここで巣部屋の単調な台座と幾何学的な砂漠とに別れを告げよう。いまや巣板はできあがり始めているのであり、居住可能なものとなったのである。ごくごく小さな形のものに、ごくごく小さな形のものが見かけはなんの希望もなしにつけ加えられているにすぎないのに、また大雑把なところしか見ることのできない私たちの眼には眺めているだけではなんの変化も見てとれないにもかかわらず、昼夜を問わず絶えずおこなわれている蠟の工事は、その実、驚くべき早さで広がってゆくのである。待ちきれない女王蜂は、闇の中で白く光っている工事現場を何度か通っている。そして住まいの最初の部分ができあがると、自分の衛兵、顧問、あるいは召使い、(というのも女王蜂は監督されているのか、お付きを従えているのか、うやまわれているのか、監視されているのか、区別できないからだ。)いずれにせよそうしたお供とともに、彼女はその住居を占有する。女王蜂が好都合だと判断する場所、あるいは顧問がそう強制する場所につくと、彼女は背中を膨らませ、身を屈ませ、紡錘形の長い腹の尖端を未開拓の巣穴の受け皿に入れる。そのあいだ護衛隊の注意深い小さな頭部、つまり黒い大きな眼をもった小さな頭部は、まるで彼女を勇気づけ、急がせ、祝福するかのように全員で情熱的な輪をつくって彼女をとり囲み、その肢を支えたり、翅を愛撫したり、熱に浮かれたような触角を彼女の上でうごめかせる。

この星形の徽章の中で女王蜂のいる場所はすぐわかる。いや徽章というよりはむしろ女王蜂を中心のトパーズにみたてた隋円形のブローチ、われわれの祖母たちがよくつけていたブローチに似ているといったほうがよい。今こそ注目するのに絶好の機会なので、ここで言っておきたいことは、働蜂たちがけっして女王蜂に背中を向けようとしないという事実である。女王蜂があるグループの働蜂に近づくと、そのとたんに働蜂の全員が眼と触角がいつでも彼女の方に向いているよう細心の注意を払い、また彼女のまえでは後ずさりして歩くようにする。それは、どんなにありそうにないと思われても、かなり普遍的で一般的な、尊敬のしるし、または心遣いのしるしなのである。けれどもここでまた私たちの女王蜂に話題を戻そう。卵の出産の際に、はっきりと現れる軽い痙攣を女王蜂がおこしているあいだ、しばしばその娘蜂が一匹、彼女を腕に抱き、額を寄せ、また口を寄せ、なにか低い声で彼女に話しかけているように見えることがある。しかし女王蜂の方はこのいささか度の過ぎた敬意のしるしにも頓着せず、ゆっくりと時間をかけて、むやみに興奮したりせず、労働というよりは愛の意志ともいえる使命にひたすら没頭する。それから何秒かすると、彼女は静かに起き直り、一歩位置をずらせ躰を横によじる。そして隣りの巣部屋に腹の尖端を入れるまえに、内部が万事きちんとなっているかどうか、また同じ巣部屋の中に二回卵を産むようなことにならないかどうかを確かめるために、まず頭をつっこんでみる。そのあいだ二、三匹の熱心なお供が、作業が完了しているかどうかを調べ、置かれたばかりの青っぽい小さな卵の世話をしたり、それを適切な場所に置くために、女王蜂がそのままにしていった巣部屋の中につぎつぎにとびこんでゆく。この瞬間から、初秋の寒気が襲ってくるまで、女王蜂は休むことなく産みつづける。食事をあたえられているあいだにも卵を産みつづけ、かりに睡眠をとることがあるにしても、その眠っているあいだも産卵しつづけるのである。こうして以後、彼女は、王国の全領土に侵入する未来という貪欲な力を代表する者となる。女王蜂は自分の出産能力が要求するだけのゆりかごを建てることで、精魂をつかい果してしまう哀れな働蜂の動きに一歩一歩合せてゆく。こうして私たちはふたつの強い本能の競合に立ち合うことになるのだ。その競合が紡ぎ出すさまざまなエピソードは、巣のいくつかの謎を、解決とまではいかないまでも、指摘するための光明を投げかけている。

たとえば働蜂の方がある程度先行しすぎるときがある。そのとき働蜂は、不幸な日々のために貯えをしておこうと考える家政婦の心配に従い、種の貪欲さを基盤にして征服された巣部屋を、蜜でいっぱいにしてしまうのだ。しかしやがて女王蜂が近づいてくる。すると物質的な財産などは、自然の理念を前にして退却を余儀なくされ、驚きあわてた働蜂は大急ぎで余分な財宝を移転させる。

この先行がちょうど巣板ひとつ分にまで及んでしまうことすらある。すると働蜂は、だれも目で見ることのできない将来という圧制を代弁している女王蜂が眼に入らないことをいいことに、この絶好機を利用して、より簡単にまた手早く建てられる大きな巣部屋、すなわち雄蜂用の巣部屋をできるかぎり急いで建てるのだ。女王蜂の方は、この恩知らずな地帯にくると、いやいやながらもいくつかの卵を置いて、さっさとそこをやりすごし端のところまで来て働蜂に対して新しい巣部屋を要求する。これに対して働蜂は素直に応じ、大きな巣部屋をしだいしだいに小さくしてゆく。こうしてまた追いかけっこが再開され、それは飽くことを知らない母、多産でまた敬われてもいる災厄的な存在が巣の端まで行って最初の巣部屋に戻ってくるまで続けられるのだ。この最初の巣部屋は、女王蜂が巡っているあいだに孵化した第一世代によって捨てられたままになっている。このような薄暗い誕生地の一角から出てきた第一世代の者たちは、ゆりかごの中ですでにその後を継いでいるつぎの世代の者のために自分自身の身を捧げるために、やがてあたりの花々をめざして飛び散り、太陽光線の中に住まい、有益な時間に活気をあたえることになるのだ。

XXIV

では女王蜂の方は、いったい何者に従っているのだろうか。彼女は働蜂があたえる食物に従っている。というのも女王蜂は自分自身で食糧を採らないからだ。彼女は自分の多産が働蜂を疲弊させているというのに、その働蜂からまるで子供のように養われているのである。ところが、働蜂が量ってあたえるこの食糧がまた、花蕚の訪問者がもたらす花や収穫の量に比例している……したがってここでもまた世界のいたるところで見られるごとく、円環の一部は闇の中へと沈んでしまっているのだ。ここでもまた、いたるところで見られるように、外部から、未知の力から、至高の命令は発せられているのである。そして蜜蜂も私たちと同様、動力となっている者たちの意志を踏み潰しながら自転しているこの歯車の、名も知れぬ主人に従っているのにすぎないのである。

私は最近ある人に、ガラス張りの巣箱の中で、大時計の歯車と同じくらいはっきり見てとれるこの歯車の運動を見せたことがある。巣板の無数の喧騒や、蜂児房での乳母たちの絶え間ない、謎めいた、狂気じみた活躍を余すところなく見物し、また蠟製造者たちの形成する生きた吊橋や梯子、女王蜂の侵略的な螺旋運動、群衆のさまざまな絶えることのない活動、容赦のない無益な努力、熱気に圧倒されてしまいそうな往来、明日の労働を早くから窺っているゆりかごの住民は別として、それ以外の者には訪れることのない睡眠、病気や墓を許さないこの滞在地から遠く距った場所での死という形の休息、これらのすべてを目撃したその人は驚きが去った後、やがて眼をそらしてしまったものである。そしてその眼の中には、なにかしら悲哀にみちた恐怖を読みとることができたのである。

たしかに蜜蜂の巣は、はじめの頃の大きな歓びに湧きかえっていたようにみえたし、美しい日々のきらめくような思い出がそこに満ちあふれ、巣を夏の宝石箱に仕立てているかとおもわれたものだ。巣の活発な往来を見ていると、巣は美や幸福を表現している花々や流水や蒼空とかのあれほど平和的な豊饒さとつながっているようにおもわれたものだ。ところが、これらすべての外面的な歓喜の下には、人が目にすることができるもっとも悲惨な光景が匿されていたのである。そしてうつろに曇らされた眼を見開くことしかできない盲目の私たちは、これら罪のない受刑者たちを見るとき、私たちが同情を寄せているのは彼女たちに対してばかりではない、またまったく理解できない存在は彼女たちばかりではなく、それはまた、私たち自身をも活動させ、さいなんでいるあの大いなる力の哀れむべき姿でもあるのだということをはっきりと知るのだ。

そうだ、たしかにそう言ってよければ、それは悲しむべきことといえるだろう。自然を仔細に眺めるなら、自然のあらゆることが悲しく見えるように。私たちが自然の秘密を知らないあいだ、あるいはそもそも自然がそんな秘密をもっているのかどうかを知らないあいだは、それはどうしようもないことであろう。そして、もしいつの日か自然にはそんな秘密がないとか、秘密があってもそれはおぞましいものであるとかいうことがわかる日がくるなら、おそらくまだ名前をもたない他の務めが、私たちに生じてくるだろう。それまでとりあえずは、もし私たちの心情がそう言いたいのなら、「それは悲しい」と何度でもくりかえせばよい。そのかわり私たちの理性は、「それはそのようにできているのだ」と納得して満足しようではないか。私たちのいま成すべき務めは、こうした悲しみの裏になにもないのかどうかを調べてみることである。そしてそのためには悲しみから眼をそむけることは禁物である。むしろそれをしっかりと見つめ、まるでそれが歓びであるかのように、私たちの興味と勇気をかき集めて研究していかなければならない。――たしかにくよくよと嘆いたり、自然を裁いたりするまえに、自然に聞けるだけのことは聞いてみることこそ正しい道だろう。

XXV

私たちは、働蜂が母蜂の脅迫的ともいえる多産さにそれほど締めつけられていないと感じたときには、もっと経済的に建てられ、もっと大きな容量を入れることができる貯蔵部屋を急いで建てるということを見てきた。また一方、母蜂の方は小さな巣部屋に産卵することを好み、たえずそう要求するということも見てきた。しかし小さな巣部屋がなく、それを提供してくれるのを待つあいだは、母蜂もその行程中にめぐり会った大きな巣部屋に卵を産むことに甘んじる。

そこから生まれてくる蜜蜂は働蜂を生み出す卵と寸分のちがいもない卵から出てくるにもかかわらず、雄蜂なのである。働蜂から女王蜂への変貌の場合とちがって、ここで変更を決定しているものは巣穴の形や容量ではない。なぜなら大きな巣部屋に産卵された卵を働蜂用の巣部屋に移しかえても(卵の顕微鏡的な小ささとひじょうな脆さのため、かなりむずかしいこの移動に、私は五、六回成功した)、そこから生まれてくるのは多少発育不良気味ではあるけれども、異論の余地なく雄蜂なのである。したがって女王蜂は、産卵のときに自分が置いていく卵の性別を見分けるか決定するかし、またその卵を彼女がかがんでいる巣穴に合せる能力をもち合せていなければならない。彼女がまちがえることはめったにない。いったいどのようにしているのだろうか。どうやってふたつの卵巣の中にふくまれている無数の卵の雌雄を区別しているのだろう。どのようにしてそれらの卵は女王蜂の意志どおりに唯一共通の輸卵管の中に降りてゆくのだろうか。

ここでもまた私たちは巣の謎、もっとも窺い知れない謎のひとつに直面することになる。処女女王蜂といえどもけっして不妊ではないということがわかっている。けれども処女女王蜂は雄蜂しか産むことができない。結婚飛翔をして受胎したのちに、はじめて働蜂か雄蜂を選んで産むようになる。結婚飛翔の結果、彼女は寿命が尽きるまで哀れな愛人からもぎとった精子を決定的に所有してしまう。ロイカート博士の推定によると、二千五百万にのぼるこれらの精子は、卵巣の下の共通輸卵管の入口に位置した貯精嚢と呼ばれる特別の腺の中に生きたまま保存されるということである。したがって、小さな巣部屋の入口の狭さ、その入口が女王蜂に強制するかがませ方、うずくまらせ方などが貯精嚢にある圧力をくわえ、その圧力の結果、精子がとびだしてきて、その途上で卵に受胎させるのではないかと推定されている。大きな巣部屋の場合にはこの圧力がくわわらず、そのため貯精嚢が開放されないのだろうというわけである。逆に、貯精嚢をヴァギナの上で開いたり閉じたりする筋肉は、実際に女王蜂が統御しているという意見をもつ人もいる。また実際のところ、こうした筋肉はひじょうに多く存在し強い力をもち、複雑多岐にわたっている。以上ふたつの仮説のうちどちらが優れているかを決定するつもりはない。というのも研究を進めていけばいくほど、観察すればするほど、いよいよ私たちは、自分たちが自然のいままでまったく知られていなかった大海原に浮ぶ遭難者にすぎないことを悟り、またいよいよ事実というものはそれまで知っていると信じてきたことすべてを一瞬のうちにぶち壊すような、突然に透明さをます波の合間から浮んでくるものであることを思い知らされることになるからである。しかしそれでも私としては、第二の仮説の方に傾斜していることを告白しておこう。まずボルドーの養蜂家ドロリー氏の実験が、もし大きな巣部屋を巣から全部取り払ってしまうと、母蜂は雄蜂の卵を産むべきときがきたとき、迷うことなく働蜂用の巣部屋に卵を置いてゆくということを明らかにしている。また逆に、もしそれ以外の巣部屋が自由にならないときには、雄蜂用の巣部屋に働蜂の卵を産みつける。

つぎにハキリバチの類（*Gastrilegides*）で、孤立性の野生蜜蜂であるツツハナバチ（*Osmies*）についてファーブルがおこなったすばらしい観察がある。それはツツハナバチが単に将来自分が産む卵の性別をあらかじめ知っているばかりでなく、その性は母蜂が任意に決めることができるということを示したものである。彼女は自分が自由にできる空間、「しばしば偶然にまかされ、変更することのできない空間」にしたがって、ここには雄を、あそこには雌を据えて、その性を決定するのである。私はこのフランスの偉大な昆虫学者の実験について細部にわたって言及しようとはおもわない。それは入念きわまりないものであり、この本の主題から遠くかけ離れたところに私たちを導びいてしまうことになるだろう。ただいずれの仮説を受け入れるにせよ、どちらも未来の予知能力とはいっさい関係なく、女王蜂が働蜂の巣部屋に卵を産もうとする傾向を、きわめてよく説明していることにかわりはない。

私たちが同情を寄せがちなこの母にして奴隷でもある女王蜂は、あるいは大の恋愛ずきな好色な存在であり、自分の躰のうちでおこなわれる男性原理と女性原理の結合において、ある快楽、つまり生涯でたった一度の結婚飛翔における陶酔の残り火のようなものを味わっているのかもしれない。愛の罠が関係するときほど巧妙で、狡猾なまでに用心深く多様な形をとることのめったにない自然が、ここにおいてもまた、種の利益を快楽で補強しようと取り計っておいたのかもしれない。ただし、ここで誤解しないように、またこの説明にだまされないようにしよう。ひとつの観念を自然に付与すれば、またそれですむと信じることは、どこかの洞窟の探索不可能な底に向って石を投げ、その石が落ちるときに発する音さえ聞けばどんな問題への答えも得られるし、深淵の底知れなさ以上のなにかがわかるだろうと考えるのにひとしい。

自然がこれこれのことを欲しているとか、これこれの驚異を生み出しているとか、これこれの目標に結びついているとか、人がくりかえし言うときには、結局、非活動的に見えるため誤って虚無とか死とかよばれている物質の広大な表層面で、小さな生命のしるしが、すくなくともわれわれがそれにかかわっているあいだだけでも、己れを維持するのに成功したと言っているにひとしいのだ。

必然的でもなんでもない単なる状況の符合のおかげで、この生命のきざしだけが、たまたま同じくらい興味深く知的であるかもしれないのに、ただチャンスがないだけで、私たちを感嘆させる機会を永遠に失ってしまった他の多くのきざしの中から、維持されたというにすぎない。それ以上のことを言うのは無謀にすぎるであろう。またそれ以外のすべて、たとえばわれわれの考察、われわれの執拗な目的論、われわれの希望、われわれの感嘆といったものは未知なるものの奥底に匿されているのだ。そしてわれわれはただその未知なるものを、より未知なものにぶつけてみて、この同じ寡黙なうかがい知れない地表上で到達しうる最高の特別な生存とはなにかを、自覚させてくれるような小さな響きをひきおこそうとしているにすぎないのである。ちょうど鶯にとって歌声が、コンドルにとっての飛翔が、やはり彼らの種に特有な最高の生き方を彼らに啓示しているように。とはいえ、われわれのもっとも確実な義務が、その小さな響きを、無駄に終わるからといって気を落したりせずに、機会あるごとにひきおこしていくことであるのにかわりはない。

★1——私はまだ肌寒い早春の陽の下で同じ実験をやりなおしてみた。しかし前と同じ否定的な結果をもたらした。他方、この問題をきわめて巧みかつ誠実な観察家である私の友人の養蜂家にもちだしてみたところ、彼は最近同じやり方で異論の余地なく伝達がなされた例が四回得られたと書き送ってきている。この事実は検証される必要があり、問題が解決されたわけではけっしてない。私としてはわが友人が、実験の成功を見たいというごく自然な欲求のため、誤りに導かれたにちがいないと確信している。

★2——レオミュールは有名な数学者ケーニッヒに以下の問題を出した。「基底部が三つの合同な菱型でピラミッド型につくられた六角柱の巣部屋のうち、もっともすくない材料で建てられるのはどんな巣部屋か」ケーニッヒはそれは、それぞれの広い角が一〇九度二六分、狭い角が七〇度三四分の三つの菱型で基底部ができているような巣部屋であることをみつけた。また別の学者のマラルディは、蜜蜂によってつくられた菱型の角度をできるだけ正確に測った結果、広い角を一〇九度二八分、狭い角を七〇度三二分と定めた。したがってふたつの解の間には角度にして二分のちがいしかなかったことになる。またもし誤差があるにしても、それは蜜蜂にではなくマラルディにこそ帰せられるべきであろう。なぜなら充分明確に限定されていない巣部屋の角度を、まちがいのない正確さで測れるような器具は存在していないからである。

別の数学者のクレーマーは、同じ問題に対して、さらに蜜蜂がはじき出した解に近い解答を寄せている。それは広い角が一〇九度二八・五分、狭い角が七〇度三一・五分というものである。マクローリンはケーニッヒの解を修正して七〇度三二分と一〇九度二八分としている。レオン・ラランヌ氏は一〇九度二八分一六秒と七〇度三一分四四秒とする。このさまざまに異論の余地ある問題については *Maclaurin, Philos. Trans. of London* 1743. Brougham, *Rech. anal. et etexper. sur les alr. des. ab.* L. Lalanne. *Notesur l'Arch.des abeilles* etc. 参照のこと。

4 章

若い女王蜂たち

彼女は自分の競争相手の挑戦を耳にするや、
自らの運命と女王の義務を知って勇敢に応酬する。

年若い巣箱の方では、ふたたび生活の循環がはじまり、広がっては繁殖し、力と成功のきわみに達するやそのつど分裂していく。だが、この巣箱の方はここで閉じることにしよう。そして、最後にもう一度母なる都市の方をあけて、分封群の出発の後、ここでなにが起っているかを見てみよう。

旅立ちの喧騒も静まると、この不幸せな都市は血を失った肉体さながらの様相をしている。子供たちの三分の二が、もう戻ることなど考えもせずに、この都市を見捨てて行ってしまったのだ。都市は疲れ果て、荒寥とし、死さえ予感させる。とはいうものの、ここには数千匹の蜜蜂が残っている。動揺もせず、ただいささか弱って、彼らはふたたび仕事にとりかかる。去っていった者たちに代るように最善をつくし、饗宴の名残を消し去り、掠奪にさらされた貯えをもとの場所にしまい、花々に向って飛び、未来の倉庫を監視する。自分の使命を自覚し、さだめられた運命に忠実に従うのである。

だが、たとえ現在が生気にとぼしく見えようとも、眼にするすべてには希望が満ちている。私たちは、これから誕生しようとする人間たちの魂を入れた何千というガラスの小壜によって壁ができている、あのドイツの伝説の城のひとつにいるのだ。生に先だつ生の住処《すみか》にいるのだ。そこでは、六角形の驚嘆すべき巣部屋が無限に積みかさなった中にある密閉されたゆりかごの中に入れられたまま、いたる所に乳より白い無数の蛹たちが肢を折り曲げ、頭を胸のうえに傾けて、眼覚めの時を待っている。画一的でほとんど透明な数知れぬ墓所の中の彼らを見ると、まるで瞑想する白髪のノーム（地の精）か、あるいは経帷子の襞で歪《いびつ》になってしまった処女たちの一群であって、一徹な幾何学者が錯乱しそうなほどに殖やしていった六角柱の中に埋葬されているのだとでも言いたくなる。

この垂直な壁は、生成し、姿を変え、くるくると回転し、四、五回衣を脱ぎ換え、暗闇の中でその経帷子を紡ぎつづけるような蜂の世界を内に秘めている。これらの壁のいたる所で、何百という働蜂が必要な温かさを保つために、そしてまたわれわれにはよくわからない目的のために、翅をうち震わせ、ダンスをしている。よくわからない目的のためにというのは、彼らのダンスには特別な秩序だった動きがあって、それが、私が思うにはいまだかつていかなる観察者も看破しなかった何らかの目的に応じているにちがいないからである。

数日たつと、この何万という壺（強大な巣箱では六万から八万と数えられる）の蓋には亀裂が生じ、黒くて真面目《まじめ》くさったふたつの大きな眼が現れ、そのうえの触角は早くも自らの周囲の存在を触知しはじめる。一方では活動的な顎が穴を拡げ終える。ただちに乳母たちが駆けつけて、この若い蜜蜂が牢獄から脱出するのを助け、彼女をささえ、ブラシをかけ、きれいにしてやってから舌の先で彼女の新しい人生の最初の蜜を食べさせる。別の世界からやってきたばかりの彼女はまだぼんやりしたようすで、少しばかり青ざめ、足どりもおぼつかない。彼女は、まるで墓から抜け出してきた小さな老人のようにいかにも弱々しい。生誕へと導く未知の道のりの綿毛のような埃に覆われた旅人とでも言おうか。ただし、彼女は頭から肢の先まで完全な姿であって、知らなければならないことはただちに知り、自分の運命および種族の驚くべき謎を解こうとして遅くなったりせずに、まだ閉じられている巣部屋に向っていく。そしてまだ隠れている妹たちを今度は自分が暖めてやるために、翅をうち震わせ、リズミカルに動き回りはじめる。そのようすは、いわば生まれながらにして自分たちには遊んだり笑ったりする暇などありはしないということを悟る、あの庶民の子供たちに似ている。

II

けれども、はじめのうちは重労働からは免除されている。彼女は生誕後やっと一週間たってから巣箱を出て、最初の「清潔飛行」をおこない、気嚢を空気で満たす。気嚢はいっぱいになって躰全体がふくらみ、このとき以後、彼女は天空を夫とする。そして戻り、さらに一週間待ち、初めて同じ世代の姉妹たちとともに、養蜂家たちが「人工の太陽」と呼ぶ一種独特な興奮のうちに、最初の蜜漁飛行をおこなう。だが、これはむしろ「不安の太陽」と言うべきだろう。というのは、この狭苦しい暗闇の娘でもあり、群衆の娘でもある彼女たちが怖れているのが実際に見てとれるからだ。彼女たちは青い深淵と光の無限の孤独とを怖れている。

その手探りするような歓びは恐怖で織られているのだ。彼女たちは出入口のあたりを歩き廻り、ためらい、飛び立ったかと思うと戻って来るということを二〇回もくりかえす。頭は頑固に生まれた家の方に向けたまま空中で、バランスを保っているかと思うと、やがて大きな円を幾重にも描く。この円が上に昇っていくと見るまに後悔の重みに耐えかねてふたたび下ってくる。そして彼女たちの一万三千個の眼は、附近のあらゆる木々を、泉を、格子の柵を、樹檣《じゅしょう》を、屋根を、そして窓を、同時に調べ、映し、記憶に留める。こうして彼女たちが帰路に滑降することになる空中の道は、二本の鋼のペンで大空に刻みつけられたのかと思うほどに強くその記憶に刻みこまれるのだ。

これもまたひとつの新たな神秘である。他の不可思議なことを調べるように、これも調べてみよう。たとえ、それが他と同じように口をつぐんで語ってくれないとしても、その沈黙は、自覚的な無智の領域を拡げてはくれるだろう。さだかではないとはいえ、熱意という種子を蒔かれた数エーカー分だけはすくなくとも拡げてくれることだろう。そしてこの自覚的無智の領域こそ、われわれの精神活動の領域の中でもっとも肥沃なものなのである。彼女たちの住居は往々にして木々の下に隠されているし、入ろうと近づいていく入口にいたっては、つねに果てしない広がりの中の眼にとまらぬ一点にすぎないのだから、蜜蜂たちがそれを見ることは不可能である。しかし、彼女たちはいったいどうやって自分たちの住居を見つけだすのだろうか。巣箱から二、三キロ離れた箱に移されても、めったに道に迷わないのは、いったいどうしてなのだろう。

彼女たちはさまざまな障害物ごしにそれを見分けるのか。正しい方向を見出すのは、いくつもの目印の助けを借りてのことなのか、それとも、ある種の動物たち、たとえば燕や鳩にあると考えられている特殊な感覚、いわゆる方向感覚を持っているのか。ファーブルやラボック、とりわけM・ロメインズ(「自然」一八八六年十月二九日号)の諸実験は、蜜蜂がこの不思議な本能に導かれているのではないことを明らかにしているように思われる。また私は私で、彼女たちが巣箱の形とか色にはいっさい頓着しないということを一度ならず確かめている。それよりも、自分たちの家をのせている棚の見慣れた外観や、入口と飛翔台★1の配置に気をくばるようである。しかし、これさえも付随的なことであって、たとえば働蜂の留守のあいだに住居の正面をすっかり変えてしまっても、やはり彼女たちは地平線の彼方からまっしぐらに戻ってくる。ただ、見ちがえるほどようすの変ってしまっている入口を越える瞬間だけは、わずかながら躊躇《ためらい》を見せる。その方位査定法は私たちの経験で判断しうるかぎりでは、むしろきわめて綿密かつ正確な目印による位置決定に基づいているように思われる。彼女たちがそれと再認するのは巣箱ではなく、三、四ミリというところまで細かく測定された周囲の事物との関係における巣箱の位置なのである。そして、この方位査定法は驚嘆すべきものであり、数学的にも確かであり、そのうえ彼女たちの記憶に深く刻みつけられる。五、六カ月間暗い地下室で越冬した巣箱を元の棚に戻す際、以前より数センチだけ右か左へずらしておくと、働蜂たちはすべて、最初に花々を訪れて戻ってくるときには、前の年に巣箱が置かれていたまさに同じ位置に、悠然とまっすぐに飛んでくる。そして手探りしながらやっと位置のずれている入口を見つけ出すのである。それはまるで、ひと冬のあいだ中、空間がその軌道の消しがたい痕跡を注意深く保存し、彼女たちが勤勉に通った小道は空に彫り刻まれたまま残っていたとでもいうようだ。

だから、へたに巣箱を蜜蜂ごと移動してはならない。つまり、移動が大規模で、周囲三、四キロに至るまで完全に知りつくしていた景色が一変してしまうとか、さらに「飛翔孔」の前に小さな板か瓦の破片のような障害物を置いてやって、なにかが変ったのだと警告してやるなら、彼女たちも新たに方向を見定め、位置を測定しなおすことができるから問題はない。もし、そうでなければ多くの蜜蜂は迷子になってしまうのだ。

III

さて、ふたたび住民の増えつつある私たちの都市に戻ろう。ここでは沢山のゆりかごの蓋がつぎつぎに開き、壁を構成する物質まで動きはじめている。しかし、この都市に女王はまだいない。中央部分にあるひとつの巣板の縁《へり》には七つか八つの奇妙な建物がたっているが、ふつうの巣部屋がでこぼこと続く平原の中で、それは月の写真をなにやら奇怪なものに見せるあの隆起やクレーターを思わせる。これは、ざらざらした蜜蠟のカプセルか、きっちりと殻を閉じたどんぐりが横に傾いたような形で、働蜂の巣部屋の三つ四つ分の場所を占めている。ふつうはひとつの場所に集中していて、ひどく落着かない、そのくせ用心深いたくさんの衛兵がなんとも言えない不可思議な魅力の漂うこの区域を警備している。ここそが、母たちの作られる場所なのである。分封群の出発の前に母蜂自身が産みつけたものか、あるいはまだ確認されてはいないがより蓋然性の高い説によれば、乳母たちがどこか隣のゆりかごから運んできたものか、これらの各カプセルの中には、どこから見ても働蜂が出てくる卵とそっくりの卵がひとつずつ置かれている。

三日たつと、この卵から一匹の小さな幼虫が出てきて、特別製の栄養分の高い滋養物が惜し気なくあたえられる。そして今や私たちは、もしこれが人間の場合なら「宿命」といういかめしい名で呼ぶにちがいないような、自然の見事なまでに平凡なひとつの方式の手順を、ていねいに追っていくことができるのだ。小さな幼虫は、この食餌療法のおかげで特殊な発育をとげ、これから生まれる蜂はまったく異る種に属しているのではないかと思われるほどに、心身ともに変容するのである。

彼女は六、七週間どころか、四、五年は生きる。その腹部は他の蜂の二倍も長く、体色は金色が強くて明るく、針は曲っている。他の蜂には一万二千から一万三千の複眼があるのに対して、彼女には八千から九千しかない。その脳髄はふつうより狭いが、卵巣は並はずれて大きくなり、彼女をいわば両性具有者《エルマフロデイト》にしてしまう特別な器官、受精嚢を持つことになる。労働生活に必要な道具――つまり、蜜蠟を分泌する小嚢や、花粉を採集するための帚毛《しゅうもう》や花粉槽はいっさいそなわっていない。私たちが蜂に固有のものと考えるどんな習性も情熱も持ち合せていないのだ。太陽への願望も、空間への欲求も知ることなく、ひとつの花も訪れることなく死んでいく。彼女は暗闇と群衆のざわめきの中で、卵を満たすためのゆりかごを倦むことなく求めつづけて、その一生をすごすのだ。そのかわり、愛の不安だけは知っている。生涯に陽の光を二度見るかどうかもさだかではない――というのは、分封群の出発はかならずしも必然的なものではないからだ――おそらくはたった一度、それも恋人と邂逅するために飛ぶ時しかその翅をつかわないのであろう。これほど多くのもの、つまり、さまざまな器官や考えや欲望や習慣、そして、ひとつの運命全体が精液の中にある――これなら植物、動物、人間の場合の平凡な不可思議ということになるのだが――のではなく、未知の、動かない物質、すなわち一滴の蜜の中にこうして身を潜ませているのを眼にするのは、不思議な気のするものである。★2

IV

前の女王が出て行ってから一週間がたつ。カプセルの中で眠る、女王となるべき蛹たちは、すべてが同じ世代というわけではない。蜜蜂たちは二番目、三番目、さらには四番目の分封群が巣箱から出発するよう決定するときには、それに応じて女王家における誕生も相ついでおこってほしいと望むからである。数時間来、彼女たちは機の熟しきっているカプセルの壁を徐々に削って薄くしてきている。そしてやがて、内側からも同時に丸い蓋を齧っていた若き女王が頭を出し、身体も半分出す。駆けつけた衛兵たちにブラシをかけてきれいにしてもらったり、愛撫されたりしながら、その助けをかりて全身を引き出し、巣板のうえに最初の一歩を踏み出す。生まれ出たばかりの働蜂と同様、彼女も青ざめてよろよろしているが、十分もたつとその肢はしっかりとしてくる。そして、自分はひとりではない、わが王国を征服しなければならない、女王の継承権を主張する者たちがどこかに隠れているにちがいないと感じて不安になり、競争相手を探して蠟の壁のうえを駆け回る。ここで本能や巣の精神やあるいは働蜂たちの集りがくだす、不可思議な諸決定と知恵とが作用しはじめるのだ。ガラス張りの巣箱の中の、こうした事件のなりゆきを追っていていちばん驚くのは、いささかの躊躇も意見の分裂も見られないことである。そこにはどんな不和や論争の形跡も認められないのだ。あらかじめゆきわたっている全員一致の精神のみが君臨し、それがこの都市の空気なのであり、蜜蜂たちは一匹一匹が、他のすべての蜂の考えることをあらかじめ知っているかのように見える。さて、いま彼女たちは、もっとも重要な瞬間のひとつを迎えている。正確に言えば、これは都市の生命に関わる一刻なのだ。彼女たちは、三つか四つの選択肢から選ばねばならず、それらはずっと先に行くとそれぞれまったく異る、そしてほんのちょっとしたことで致命的にもなりうるような結果をもたらすことになる。種の繁殖という、生まれついての情熱あるいは義務を、血統とその子孫の維持という見地と両立させねばならない。ときとして彼女たちは誤りを犯す。つまりつぎつぎと三つあるいは四つの分封群を放ち、そのため母なる都市は完全に疲弊してしまうのだ。分封群はすばやく自分たち自身で群を組織するにはあまりに弱く、故郷の気候——蜜蜂たちは何があってもこれを覚えている——とは異る私たちの国の気候に驚き、冬の初めに死んでいく。こうして彼女たちは、いわゆる「分封熱」の犠牲となる。これはふつうの熱病と同じく、生の激しい反作用、あまりに激しすぎてその目的を超え、生の円環を閉じてふたたび死を見出す反作用のようなものである。

V

彼女たちの決定しようとしていることはどれひとつとして押しつけられたもののようには見えない。そして人間の方は、単に見物人であるかぎり、彼女たちがどれを選ぶかを予見することはできない。しかし、この選択がつねに道理にかなったものであることは、人間がある状況を変更することによって——たとえば、彼女たちにあたえられている空間を狭めたり拡げたりすることによって、あるいは蜜でいっぱいの巣板を取りあげて代りに働蜂たちの巣部屋がついた、蜜の入っていない巣板を置いてみることによって――この選択に影響を及ぼしたり、あるいはさらに選択を決定することすらできるという事実が示している。

したがって、ただちに二番目、三番目の分封群を送り出すかどうかが彼女たちにわかるということが問題なのではなく――このことに関しては、ある好機が到来したときの気まぐれや軽はずみな誘惑につられてしまう、盲目的な決定にすぎないのだといってもよいだろう――最初の女王の誕生後二、三日たって第二の分封群を、そして、まだうら若い女王がこの第二の分封群の先頭にたって出発して三日後に第三の分封群を、という具合に巣立ちしていけるような処置を、瞬時にしかも全員一致で講ずることが問題なのである。この点において私たちは、かなりの時間――それも、ことに蜜蜂の寿命の短さを考えると、そういうことになるのだが――にわたる、さまざまな予測の組合せの全貌というか体系全体を眼の当りにしているのだということを否定はできないだろう。

VI

彼女たちのとるそうした処置は、まだ蠟の牢獄に埋もれている若き女王たちを護ることを目的としている。蜜蜂たちが、第二の分封群は出さぬ方がよいと判断したとしよう。それでもなお、ふたつの方策が可能である。私たちは先ほど、処女女王たちのうちの最初の生誕者が現れでてくるところに立会ったが、その処女女王が、敵である妹たちを殺戮するがままにさせておくか、あるいは国家の未来がかかっているとも言える「結婚飛翔」の危険な儀式を彼女が無事に遂行するまで待つかだ。ときには、彼女たちは即刻殺戮がおこなわれることを許し、また、ときにはこれに反対する。ただ、この反対が第二の分封を見こしてのことなのか、それとも「結婚飛翔」の危険を見こしてのことなのか、それを見分けるのが困難であるのは納得できよう。というのは、時期がもう悪くなっていたにせよ、私たちには洞察できないようなまったく別の理由からにせよ、第二の分封を決めたあと突如これを断念し、女王候補である後裔たちをすべて殺してしまうという事態を一度ならず観察してきたからだ。だがここでは、彼女たちが分封を断念し、「結婚飛翔」の危険を引受けることをよしとしたと仮定しよう。われらが若き女王が、その欲求のおもむくままに高貴なゆりかごのならぶ区域に近づいていくと、衛兵は道を開ける。猛り狂った嫉妬に駆られて、彼女は行きあたった最初のカプセルにとびかかり、肢で、歯で、蠟を破ろうと全力をふりしぼる。破ると、その住処を覆っている繭状のものを荒々しく引き裂き、眠っている王女を裸にしてしまう。そして自分の競争相手が見分けられるようになると、彼女はくるっとと向きを変えて針をカプセルの中に差し入れ、囚われの王女がついには毒針の連打に倒れるまで、狂ったように針を突き出す。死というものはすべての者たちの憎しみに、ある不可思議な境界線をひいてしまうものなので、相手の死に満足して彼女はやっと鎮まり、針をおさめ、さてつぎのカプセルを攻撃し、これを開ける。そこにいまだ発育不全の幼虫とか蛹しかいないときには、そのままにして先に進み、息を切らせへとへとになって、爪と歯が力なく蠟の壁を滑るだけという状態になるまでやめようとはしないのだ。

周囲の蜜蜂たちは、彼女の怒りを分ち合うことはせずこれを傍観し、彼女が自由に行動できるように脇に寄っている。だが、巣部屋がひとつの穴を開けられて荒らされるや、彼女たちは駈けつけてきて、死骸や、まだ生きている幼虫、暴行を受けた蛹をそこから引きずり出して巣箱の外に投げ出し、穴の底に満ちる貴重な、女王家用のとろりとした霊液をガツガツ腹いっぱい貪り喰う。そして、疲れはてた女王がその怒りをおさめると彼女たちみずからが無辜の者たちの虐殺をおこない、かくして女王となるべき者たちの一族もその家々も消え失せるのである。

これは雄蜂殺戮――こちらの方がまだ許せるが――とならんで、巣箱における恐怖の時間であり、働蜂たちが、住処の中に不和と死が侵入して来るのを許す唯一の時間でもあるのだ。

ときとして――ただし、蜜蜂はこうした事態がおこらないように用心するので、滅多に見られぬことではあるが――同時に二匹の女王が出て来ることがある。するとゆりかごを出るや、ただちに死闘がくりひろげられる。ユベールが最初にこの闘いのかなり奇妙な特徴を報告している。それによれば、この突合いの闘いでは、キチン質の鎧に身を固めた二匹の処女蜂が、それぞれの針をぴんと出せば互いに刺し貫き合うのではないかと思われるような位置を占めるたびに、『イーリアス』にある戦争のように、神あるいは女神——それはおそらく種族の神あるいは女神なのであろうが——が取りなしに割って入るようなことがおきるのだ。そして二匹の女戦士は申し合せたように怖気づき、度を失って互いに離れ、避けあい、すぐにまた向い合うが、両者相討つという危険がまたもや彼女たちの国民の未来に迫ったとなるとふたたび相手を避ける。これがくりかえされてあげくの果てにやっと一方が、無謀であったり不器用であったりする敵を奇襲してやすやすと殺してしまう。種の法則は一匹が犠牲になることしか要求しないのである。

VII

若き女王がかくしてゆりかごを破壊しつくすか、競争相手を殺すかしてしまうと、彼女は国民に受入れられることになる。そして真に君臨して自分の母女王と同様のあつかいを受けるには、結婚飛翔を成しとげさえすればよいことになる。というのも、彼女が不妊であるかぎり、働蜂たちはほとんど彼女の世話もせず、敬意も表さないからである。しかし彼女の身のうえはもう少し複雑になることが多く、働蜂たちももう一度分封をおこなう望みを、めったなことではあきらめない。

その場合にも、先にのべた場合と同様に、彼女は同じ意図に駆られて女王候補者たちの巣部屋に近づいて行く。だが、そこで従順な僕《しもべ》たちと励ましとに出会うどころか、彼女の通路をふさぐ敵意に満ちたたくさんの衛兵にぶつかるのだ。いらいらしながらも固定観念に導かれて、彼女は強行突破するか迂回しようとするのだが、いたる所で、まどろみつづける王女たちを警護する歩哨に出会う。頑として意志を曲げずに、任務を遂行しようとすれば、ますます邪慳に押し返され、虐待すら受ける。ついには彼女も、この頑固な小さな働蜂たちは、ある法則を具現しているのであり、それに対しては彼女を動かしている法則の方が譲歩しなければならないのだということをおぼろげに理解するにいたるのである。

結局彼女は身を引くのだが、そのやり場のない怒りは巣板から巣板へとさ迷い、どんな養蜂家でも知っているあの戦いの歌といおうか、威嚇的な嘆きをそこに響かせる。それははるか彼方から聴える銀の響きのトランペットの音色に似て、幽《かそけ》さの中にも怒りをこめて力強く、わけても夕方はきっちり閉めた巣箱の二重の壁を通して、三、四メートル離れた所からでも聴えるほどである。

この女王の叫びは、働蜂のうえに摩訶不思議な影響をおよぼす。彼らはこれを聴くと一種の恐怖というか、畏敬に満ちた茫然自失の状態に陥り、女王が、あの守りを固めた巣部屋のうえでこれを発すると、彼女を取巻いて引張りまわしていた番人たちは突如動きを止め、頭をたれ、身動きひとつせずにこれが響き終るときを待つ。ちなみに、ドクロメンガタスズメ(*Sphinx atrops*)が巣箱に侵入して蜜を心ゆくまで貪っても、蜜蜂たちが彼に襲いかかろうともしないのは、彼が真似るこの叫びの魔術的効果によるものだと考えられている。

二、三日間、ときとしては五日間、屈辱ゆえのこの唸り声はこうして宙をさ迷い、保護されている女王位継承候補たちに戦いを挑む。この間に彼女たちの方は発育し、順番がまわってきて光を見たくなり、自分たちの巣部屋の蓋を齧りはじめる。つねならぬ騒乱が国家に迫っているのだ。だが、巣の精神がなにか決定をくだすときには、彼は起りうるすべての結果を見こしている。よく事情に通じている番人たちは、邪魔だてされた本能のしかけてくる奇襲を防ぎ、ふたつの対立する力に目的を果させるためにはなにをなすべきかを、刻々知るのである。彼女たちは、生まれ出たいと要求している若い女王たちが外へ出てしまったら、いまやもう無敵を誇るその姉の手におち、一匹、また一匹と殺されていくだろうということをよく承知している。だから、幽閉者たちの一匹が、内側からその塔の出口を薄くしていくにつれて、彼女たちは外側からこの出口を新しい蠟でふたたび覆っていく。中のいらいらした娘の方は、自分が破壊されても蘇りつづける魔法の障害物をかじっているなどとは夢にも思わずに、仕事に没頭する。同時に、彼女は自分の競争相手の挑戦を耳にする。すると、人生を垣間見ることさえできず、巣箱というものがどんなものかも知らないうちから、彼女は自分の運命と女王であるものの義務を知っているので、自分の牢獄の底からこの挑戦に勇敢に応酬するのである。だが、その叫びは墓の仕切り壁を通して出てくるので、おし殺した、うつろな、まったく別の音になっている。そして、野に喧騒が静まり、星々の沈黙が高まりゆく暮れ方に、これらの不思議の都の入口を見にくる養蜂家は、さまよい歩く処女女王と幽閉されている処女女王たちのやりとりを聴きつけ、それが何を意味しているかを理解するのである。

VIII

もっとも、こうして幽閉が長びくことは、若い処女たちには都合の良いことであって、彼女たちはすでに飛び出すだけの力もそなえるほどに成長して出てくる。一方、待つことで、自由の身の女王の方も強くなり、旅の危険にも立ち向うことができるようになっている。すると第二の分封、二次分封群が、女王たちのうちで最初に出てきたものをその先頭に立てて、住処を棄て去っていく。その出発後ただちに、巣箱に残った働蜂たちは幽閉者のうちの一匹を解放するのだが、これもまた同じ殺戮をくりひろげようとし、同じ怒りの叫びをあげ、三日後には第三の分封群の先頭に立って彼女自身も巣箱を去っていく。こうして、分封熱のときには、母なる都市が完全に衰弱しつくすまで、つぎつぎにこれがくり返される。

スワンメルダムはある巣箱で、いくつもの分封群とさらにその分封群から別れた分封群が一シーズンの間についに三〇の群《コロニー》を数えるに至った例をあげている。

こうした異常な増殖は、とりわけ、厳しかった冬の後に見られることで、それはあたかも、つねに自然のひそやかな意志に通暁している蜜蜂は、種族を脅かす危険というものを意識しているといわんばかりなのである。しかし、標準的な気候のときは、良く統治された強い巣箱の蜜蜂たちには、この熱はめったにみられない。たいていは一度しか分封をおこなわないし、いくつかはまったくおこなわないこともある。

ふつうは二度目の分封の後、蜜蜂は本家の極端な衰弱ぶりに気づいてか、空のちょっとした凶兆に慎重さを促されてか、それ以上分裂することはあきらめる。そこで彼女たちは、三番目の女王に残りの幽閉者たちを虐殺することを許可する。そして、大半の働蜂がごく若く、巣は貧しくなって蜂の数も減ってしまい、冬の前に蜜を満しておくべき空部屋がたくさんあるという具合であればあるほど、いっそう熱心に、ふたたび日常生活が始められ、組織される。

IX

第二、第三の分封群の出発は、最初の場合と似ており、他のあらゆる状況も同様であるが、異る点は、第二、第三分封群は蜜蜂の数が少ないこと、この群はあまり慎重ではなく、斥候の蜂も派遣しないこと、そして、まだ処女の、情熱に燃えた軽やかな若き女王がはるか遠くまで飛び、最初の段階からもう自分の部下全員を、巣箱から遠く離れた所へひき連れていってしまうことである。くわえるに、この第二、第三の移動はかなりむこうみずで、これらのさまよえる植民地の運命はひどく危険なものである点に留意していただきたい。彼女たちは未来を象徴する者として、まだ懐妊してない女王をその頭に戴くのみなのである。その運命は一に、これから遂行されようとする結婚飛翔にかかっている。通りすがりの一羽の鳥、数滴の雨、冷たい風、たったひとつの誤り、そして災難、そのどれひとつでも取り返しのつかぬことになる。蜜蜂たちはこのことをよく知っているので、避難所を見つけて、たった一日しかたっていない自分たちの住処にすでに強い愛着を持っているにもかかわらず、そしてさまざまな労働が始められているにもかかわらず、しばしば、いっさいを捨てて、恋人を探し求めに出る彼女たちの女君主に同行し、彼女から眼を離さず、幾千もの献身的な翅で彼女を包み、覆ってやろうとする。あるいは、恋のために彼女が新しい巣箱からあまりに遠い所にまで迷い出てしまって、まだ通いなれていない帰路が、どの蜂の記憶の中でも不確かでまとまっていないときには、彼女と共に滅びようとするのである。

X

実に、未来のための掟はひじょうに強い力を持っていて、こうした不安や死の危険を前にしても、ただの一匹もためらいはしない。第二、第三の分封群の熱狂ぶりも最初のときと同様である。母なる都市が決定をくだすや、あの危険な若い女王たちはそれぞれが働蜂の一隊を見つけだすのだが、彼らは彼女の運命に従い、この失うもの多くして、得るところと言えば、ひとつの本能が満たされるという期待のみという旅に随行しようというのである。あたかも敵と関係をたち切るように過去と縁を切るという、われわれのけっして持ちえないこのエネルギーを、いったい誰が彼女たちにあたえたのか？　群衆の中から出発すべき者たちを誰が選ぶのか、留まるべき者たちを誰が指示するのか？　立ち去るか、残るかは、こちらにはもっとも若い者たち、あちらには最年長の者たち、というような階級によるものではない。女王蜂はふたたび戻ってくることはあるまいと思われるが、一匹の女王蜂のまわりには必ず、ひどく老いた働蜂や、生まれて初めて青空の眩暈を体験しようという幼い働蜂たちが一緒に群れをなして押し合っている。また、偶然とか、機会とか、思考、本能、あるいは感情の一時的高揚ないし消沈とかによって、分封群にふさわしい軍勢が増えたり減ったりするわけでもない。私は分封群を構成する蜂と留まる蜂の数の比率を算定しようと、いく度となくくりかえしやってみた。実験がいろいろと困難で、とても数学的な正確さを得るところまでには行けなかったものの、この比率は、蜂児房、すなわちもうすぐ生まれてくるものたちのことも考慮に入れるなら、かなり一定していて、巣箱の精神の側の優れた神秘的な計算が働いていると仮定するに充分であることが確認できたのである。

XI

これら分封群の冒険についていくのはやめておこう。その冒険は数々あり、また往々にして複雑である。ときおり、ふたつの分封群が入り乱れることもある。またときには出発の騒ぎで、囚われの女王が二匹、あるいは三匹も番人たちの監視から逃げ出して、集まっている分封群に加わってしまうこともある。さらにはときとして、若い女王たちの一匹が雄蜂に取り囲まれると、分封のための飛行を受精するために利用し、自分の人民をすべて驚くほど遠く高い所にひきつれていってしまったりもする。養蜂の習慣では、こうした第二、第三の分封群はかならず元の群に戻してやる。すると女王たちは巣箱の中でふたたび相まみえ、働蜂たちは彼女たちの決闘のまわりに整列する。そして最良の女王が勝利をおさめると、無秩序の敵でもあり労働に飢えてもいる彼女たちは死骸を排除し、起りうる未来の暴力沙汰への扉は閉じ、過去を忘れてふたたび巣部屋にのぼって、彼女たちを待つ花々の平和な小路へとまた戻るのである。

XII

話を簡単にするために、女王の歴史を、中断していたところから、すなわち蜜蜂たちが女王に、ゆりかごの中の妹たちを殺戮させておくところからふたたび始めよう。これは前にも言ったことだが、蜜蜂たちが第二の分封群を送り出す意図を抱いていないように見えるときでも、往々にしてこの殺戮に反対することがある。かと思えば、これを許可することもしばしばある。というのは、同じ養蜂所内の個々の巣箱の政治感覚は、同じ大陸内の諸国家の政治感覚と同様にバラバラだからである。ただ、この殺戮を許可すると、彼女たちが軽率なおこないをしたことになるのは確かである。もし女王がその結婚飛翔で命を落とすか、道に迷うかすると、彼女の後任者となるべき者は誰もいず、働蜂の幼虫たちも女王への変容が可能な時機は過ぎてしまっているからだ。だが結局、この軽率なおこないがなされてしまっていると、いまや、かの最初に外に出てきた者こそが、唯一の、国民の意向において認められた女君主ということになる。しかしながら彼女はまだ処女である。彼女は母にとって代ったわけだが、その母と同じになるためには、自分の生誕後二〇日間以内に雄蜂と相まみえなければならない。もし、なんらかの理由でこの遭遇が遅れたりすると、彼女の処女性はもう決定的なものになってしまう。にもかかわらず、すでに見てきたように、彼女は処女とはいえ不妊なのではない。ここに至って私たちは、単性生殖と呼ばれる、自然の驚嘆すべき用心深さと言おうか、気まぐれと言おうか、あの破格な例外に行き当るのだ。この単性生殖はアブラムシや、鱗翅目のミノムシガ、膜翅目のタマバチ科等々、かなりの数の昆虫に見られるものである。だから処女女王は、あたかも受精したかのように卵を産むことはできるのだが、彼女の産む卵からは、巣部屋が大きかろうと小さかろうと、ことごとく雄蜂しか生まれてこない。そして雄蜂というものは働きもせず、雌の働蜂の犠牲において生きてゆくものであり、自分自身のためにすら蜜をとりに行かず、生きるに必要な糧を備えることもできない存在なので、数週間もたって、疲弊しつくした最後の働蜂たちが死んでしまった後には、このコロニーの没落と完全な滅亡がやってくる。処女からは何千という雄が生まれるが、この雄一匹一匹の有する何百万という精虫のうちの一匹として彼女の身体の中に入り込んでいくことはできないのである。このことは、他の数えきれないほどの同様の現象に比べれば、さほど驚くにあたらないとも言える。というのは、こうした問題、ことに生殖に関する問題――これをあつかっていると、驚嘆すべきことやら思いもかけないことが、それこそ、このうえなく不思議なことの起るお伽噺の中よりはるかに多く、そしてなによりも人間的な次元をはるかに離れて、いたるところからあふれ出てくるのだが――を詳しく調べてみれば、いくらもたたぬうちに驚きというものにあまりに慣れきってしまい、すぐにもその驚きの観念をなくしてしまうからである。しかし、それでもなお事実は指摘するに足るほど好奇心をそそるものである。それにしても必要不可欠な働蜂を犠牲にして、これほど役たたずの雄蜂をこうして優遇する自然の目的をどうやって解明したらよいのか？　雌蜂たちの知性が働いて、この、ひたすら喰うだけの、それでも種の保存には欠かせない寄食者の数を、過度に減らしてしまうのではないかと、自然はおそれてでもいるのだろうか？　受精しない女王の不幸に対する度を越した反発なのか？　病の原因を知ろうとはせずに薬をあたえすぎ、ひとつの災難を防ごうとして破局をもたらしてしまう、あの烈しすぎて盲目的とも言える用心のひとつなのか？　現実には、――この際忘れないでいただきたいのは、この現実というのがまったく本来の原始的な現実とはちがうということだ。というのも、原始林では蜜蜂の群《コロニー》は今見られるよりずっと散らばっていたからだ――現実には、女王が受精しないのは、ほとんど雄蜂の罪ではない。彼らはつねに数も多く、かなり遠くからもやってくるのだから。それはむしろ女王をあまりに長いあいだ巣箱に留めておく寒さや雨が悪いのであり、さらによくあるのは、女王の翅が不完全で、雄蜂の器官のことを考えればどうしても必要な一大飛行についてゆけなくなるという事態だ。それなのに自然は、こうした現実的な原因は考慮に入れずに、雄蜂を増やすことに情熱をかたむけている。自然は、この目的のためには他のいくつかの法則を狂わせもするのだ。その結果、女王の去った巣箱の蜜蜂の中で、二、三匹の働蜂が、種族を維持しようとする願望にとりつかれるあまり、その卵巣は萎縮しているにもかかわらず産卵しようとし、激昂した感情に動かされてこの器官が少しばかり膨らんで、ついにはいくつかの卵を産みおとす、ということが時どき見られる。しかし、この卵からは、処女にして母となった女王の卵の場合と同じく、雄蜂しか生まれてこないのである。

XIII

私たちはここで、卓越してはいるものの、おそらくは思慮の欠けたある意志が、生の知的な意志というものを阻止せずにいられなくなって、干渉してくる現場をとり押えたことになる。こうした干渉は、昆虫の世界ではかなり頻繁に起ることで、これを観察するのは興味深い。この世界は他と比べると、中に含まれる昆虫の数も多く複雑でもあるために、ここでならしばしば、自然の欲望もいくつかうまく把握できるし、しかも、まだ未完成とも思われる実験の途中で不意にそれを見破ったりすることがあるのだ。たとえば自然は、いたる所で自ら表明しているものだが、ひとつの普遍的な大望を持っている。それはすなわち、最強の者が勝利することによる種の改良である。ふつう闘いというものはきちんと組織立ったものだ。弱者の大殺戮は驚くべき数に達するが、勝者の得る報償が有効で確実でありさえすれば、それはどうでもよいことである。しかし、自然がその組合せを整理しておく時間がまだなかったのではないかと思われるような場合もあって、そういう時には報償などはありえず、勝者の運命は敗者の運命と同じく痛ましいものである。私たちのしている蜜蜂の話からそれないためには、ゲンセイ（*Sitaris colletis*）の三爪形幼虫の話ほどこうした関係を顕著に表している例を私は知らない。そのうえ、この話の細部のいくつかは、私たちがそう思いたがるほどには、人間の場合とかけ離れているものではないということがわかるだろう。

この三爪形幼虫は、ミツバチモドキという、なめ型の舌を持ち一匹で生きている野生の蜜蜂につく寄生虫の初期の幼虫である。この蜂は、地下に回廊のような巣を建設する。彼らはミツバチモドキを、この回廊の入口で待ち伏せ、三匹、四匹、五匹、ときにはもっと多勢で蜂の体毛にしがみついて、それから背中に身を落ちつける。もし、このときに強者の弱者に対する闘いがおこなわれるならば、これにはなにも言うべきことはなく、すべては普遍的法則に従って運ばれることであろう。けれども、なぜかはわからないのだが、この幼虫たちの本能は、彼らが蜂の背中にいるかぎりは静かにしているようにと要請する——ということはつまり、自然がそう命ずるのである。蜂が花々を訪れたり、自分の巣部屋を修理したり、そこに食物を補給したりしているあいだ、彼らは辛抱強く、自分たちの時のくるのを待っている。——が、卵がひとつ産み落とされるや、全員がその上に跳びおりる。そして何も知らぬミツバチモドキの方は、食糧をたくさん詰めこんだこの巣部屋を丁寧に閉じる——自分がそこに、子供の死をも一緒に閉じこめたのだとは考えてもみずに。

巣部屋が閉ざされるやただちに、不可避にして有益な自然淘汰の闘いが、たったひとつの卵をめぐって、三爪形幼虫たちの間に始まる。もっとも強く、もっとも巧みなものが、自分の敵の鎧の隙間にくらいついて頭上に持ちあげ、彼が死ぬまでこうしてずっとその大顎にはさんだままでいる。だが、一匹だけでいたか、あるいはすでに競争相手に打ち勝った他の三爪形幼虫が、この闘いの間に卵を横取りして、これに口をつけてしまっている。したがって、闘いに最後に勝ち残ったものは、いまやこの新たな敵に打ち勝たなければならない。これは彼にとってはたやすいことである。というのは、生れついての飢えを満たしているかの三爪形幼虫の方は、自分の手にした卵に執拗にしがみつくあまり、身を守ることなど考えもしないからだ。

ついには彼もまた殺されてしまい、いまや最後の一匹だけが、大変高価にはついたものの確かに我が物とした卵を前にしている。彼は先の三爪形幼虫があけた穴に貪欲に頭を突っこんで長い食事にとりかかる。この食事がやがて彼を完全な昆虫に変え、また、閉じこめられている巣部屋から脱出するのに必要な器官もいくつか備えさせるはずである。しかし、こうした闘いの試練を望む自然は、もう一方では、ひとつの卵はたった一匹の三爪形幼虫の食糧としてかろうじて足りるという、まったくけちくさい正確さで勝利の価値というものを算定している。マイエ氏のおかげで、私たちはこうした面くらうほどの不運の物語の数々を知ることができるのだが、そのマイエ氏はこう言っている。

「したがって、われらの勝利者には必要食糧がなにもないと同じなのである。彼の最後の敵が、死ぬ前に食べているのだから。そして、最初の脱皮もおこなえずに、今度は彼が死んでいくのだ。卵の殻にぶらさがったままの状態でか、あるいは、甘い蜜の中に入って溺死者の数を増すことになるかして」

XIV

これほどはっきりしている例はまれだとしても、こうしたことは博物学では珍しくはない。ここには、生きようとする三爪形幼虫の自覚した意志と、自然のおぼろげで普遍的な意志との闘いが如実に見られる。自然の方とて同様に、彼が生きることを、しかも自然自身の意図にもまして彼がその生を強固なものにし、改良していくことをすら望んではいるのだ。しかし、改良が強いられると、奇妙な不注意のために、最良のものの生命すら抹殺されてしまう。だからゲンセイという種は、自然の意志に反するある偶然によってたまたま孤立してしまった一匹一匹が、まさに孤立したということによって、どこででも、もっとも強い者たちが勝利することを要求しているあの優れた用心深い法則を逃れてしまうということがなかったなら、とうの昔に死滅してしまっていたことだろう。

それでは、あの偉大な力、私たちの眼には無自覚であるように見えはするが、聡明であるにちがいない——というのは、この力が組織し維持している生命というものによって、つねにこの力の正しさは承認されているからだ——力、それが誤りを犯すこともあるのだろうか？　私たちが自分の判断力では手に余るような時にすがる、この力の至高の判断力にも、それではまちがいがあるのか？もしあるのなら、いったい誰がそれを修正してくれるというのだろうか？

だが今は、単性生殖という形をとって現れてくる、この力のあらがい難い干渉に話を戻そう。私たちの世界からはかけ離れているように見える世界で出くわすこうした問題が、私たちと密接な関係を持っていることを、忘れないようにしよう。まず第一に、私たちの存在をかくも空しいものにしている私たち自身の肉体の中でもたぶん、ことはすべて同じように運んでいるのかもしれない。私たちの胃や心臓の中、そして脳の自覚できない部分に働く自然の意志、あるいは自然の精神が、もっとも未発達の動物たちや植物、さらには鉱物の中にすら自然が入れた精神、意志と異っていようはずはないのだ。つぎに、もっとひそやかではあってもやはり危険であることに変りはないようないくつもの干渉が、人間の自覚できる領域ではけっして起っていないと誰に断言できようか？今あつかっているこの問題に関しては、結局、正しいのはどちらなのか？　自然の方か、それとも蜜蜂の方か？　もし蜜蜂がもっと従順であるか、あるいはもっと利口であるかして、自然の欲するところを完璧に理解し、それにとことん従うとしたら、そして自然は傲然として雄蜂を要求しているのだから雄蜂を際限なく増やしていったとしたら、いったいどうなってしまうのだろうか？　自分の種族を絶滅させる危険を犯すことになりはしないだろうか？　自然の数かずの意図の中には、理解すると危険で、あまり熱心に従うと災いをもたらすようなものがあって、自分のすべての願望を見抜いてそれにことごとく従うようなことはしてもらいたくない、というのも自然の願望のひとつなのだと考えた方がよいのだろうか？　人類が冒している危険のひとつも、おそらくはこれではないのか？　私たちにしても、知性が要求するのとは正反対のことをしようとする無意識の力を自分の中に感じている。ふつうは、堂々めぐりをしておもむく所を知らぬこの知性が、そうした無意識の力といっしょになって、それに思いもかけなかった自分の重さを附与してしまうというのは、はたしてよいことなのだろうか？

XV

単性生殖の危険性について、つぎのように結論してしまってもかまわないのだろうか――すなわち、自然はつねに目的につり合うように諸手段を講ずることができるとはかぎらない、そして自然が維持しようとするものは往々にして、自然が講ずるのは別の予防手段、むしろそれに反しさえするような予防手段のおかげで、時どきはまた、自然が少しも予見しなかった未知の事情のおかげで、維持されるというふうに。しかし、いったい自然は予見するのだろうか？　なにかを維持しようとするのだろうか？　自然とは、私たちが知りえぬものに被せてしまうひとつの言葉であって、自然に目的とか知性とかがそなわっていることを証明するような決定的な事実はほとんどないと言われるかもしれない。それはそのとおりである。今私たちは、私たちの世界観を豊かに飾る役割をしている、いくつもの密閉された壺をあつかっているのだ。そのどれにもこれにも、意気込みを挫いて沈黙を強いる「未知」という貼札をしないですむようにと、その形や大きさに応じて、「自然」とか「生」、「死」、「無限」、「淘汰」、「種の霊」といった、その他たくさんの言葉をそこに刻みこんでいるのだ。ちょうど、私たちより前の時代の人たちが「神」とか「摂理」とか「運命」とか「報い」などの名前をそれにつけたように。もしそう思いたければこのとおりで、それ以上のことはなにもない。しかし、たとえ内部がわからぬままであっても、そのことに私たちはすくなくともつぎのような利点――貼ってある言葉は以前ほど威嚇的ではないので、それらの壺に近づいて、手で触れ、有益な興味をもって耳をそれに押しあてることができる、という利点を見出したのだ。

だが、どんな名前をそれにつけようと、ともかくこれらの壺のうちのひとつ、いちばん大きくて腹には「自然」の貼札のしてある壺が、あるきわめて現実的な力を内に蔵していることは確かである。それは他の力と比べてももっとも現実的であり、この地球上に莫大な量の、しかもすばらしい質の生命を維持することができる力である。そしてその方法はたいへんに巧妙で、人間の才能が計画しうるあらゆるものを凌駕していると言っても誇張ではあるまい。この生命の質と量とは、他の方法によって維持されうるのだろうか？　おそらくは無数の不幸な偶然を乗り越えてひとつの幸運な偶然が残っているだけなのに、それに自然の予防手段を見たように信じこんでいる私たちはまちがっているのだろうか?

XVI

そうかもしれない。しかし、だからこそこうした幸運な偶然というものは私たちに感嘆することを教えてくれるのであって、それは単なる偶然とはとても思えないものを前にしたときの体験に匹敵するのだ。知性や意識のひらめきを持っていて、無分別な法に対してはさからうことのできる生き物のみを問題にするのはやめよう。動物界における最初の心もとない代表者である原生動物を調べてみることすらよそう。英国学士会会員でもあるあの有名な顕微鏡熟練者M・H・J・カーターのいくつもの実験は、つぎのようなことを明かしている。なるほど、意志、欲望、好みといったものは粘菌類のような下級のつまらない生物にもすでに見出されるということ、はっきりした器官をひとつも持たないアメーバのような滴虫類にも戦略的な動きはいくつか見られるものであり、このアメーバが腹黒い忍耐強さをもって、若い吸滴虫類が母体の卵巣から出てくるところを待伏せるのは、このときに吸滴虫類がまだ毒のある触手を持っていないことを知っているからであるというのだ。だが、アメーバは観察しうるような神経系統もいかなる種類の器官も持っていないのだ。さて今度は、動くこともできずに、まったく宿命にゆだねられているように見える植物に直接話をもっていこう。ただ、現実に動物と同じように振舞う肉食植物、たとえばモウセンゴケなどには気をとられずに、一匹でも蜂が訪れたなら必然的に自分たちに必要な異花受粉をひき起すようにするために、私たちのまわりのもっとも単純な花々がどんな天才ぶりを発揮するかを見てみようではないか。私たちの国に生える目だたない蘭科植物、白山《はくさん》千鳥《ちどり》(*Orchis Morio*)★3の場合の、小嘴体、粘着体、花粉塊の粘着力とその数学的自動的な傾斜具合などが奇跡的に組み合されている仕掛けを見てみるのもよい。サルビアの花粉ぶくろ——これが、この花を訪れる昆虫の身体のある部分に触れると、つぎには昆虫の方がまさにその同じ部分で隣の花の柱頭に触れるのだが——の、けっして失敗することのない、二重の挺子様の仕組みを分解してみるのもよい。シオガマの一種(*Pedicularis sylvatica*)の柱頭がつぎつぎに起していく行動と計算をたどってみてもよいだろう。巧みな射手が的の黒い点を射当てると動きだすような複雑な仕掛けを村の縁日でよく見るが、蜂が入ってきたときに、これら三種類の花のあらゆる器官は、ちょうどその仕掛けさながらに動き始めるのだ。そうしたようすを見てみようではないか。

さらに自然界の階層を下って、ラスキンがその『塵の倫理学』の中で書いているように、結晶体の性質や奸策、彼らの闘い、私たちの想像もおよばぬくらい古いものであるその結晶面をなにかの異物が乱しにきたときに彼らのとる処置、敵を受け入れたり拒否したりするその流儀などを指摘することもできよう。また、もっとも弱い者がもっとも強い者に勝つ可能性、たとえば全能の石英も、賤しく陰険な緑簾石に対しては慇懃に譲歩して自分を乗り超えていくのを許すこと。水晶が鉄とくりひろげる、あるときはおそろしい、あるときは荘麗な闘い。前もっていっさいの不純物を排斥しておくようなあるガラスのような透明塊が、規則正しく汚点《しみ》ひとつない生長ぶりと非妥協的な純潔さを見せているかと思えば、その兄弟分の方は不純物を受け入れ、空間で惨めに身体をねじ曲げて、病的な生長ぶりと明白な不道徳性を示していたりする。そういったことも指摘できるし、さらに、クロード・ベルナールも書いていることだが、結晶体の癒着および復元という不思議な現象等も援用できよう。しかし今は、この不可思議について私たちはあまりに知らなすぎる。だから、話は花のことに留めておこう。花こそは、私たちの生命と何らかの関連のあるような生命の、最下位の構成員なのだから。もう動物や昆虫は問題ではない。なぜなら、彼らには、そのおかげで生きながらえていられるという聰明で特別な意志がそなわっているものと考えられるからだ。是非は別として、花にはそうした意志はまったくない、と私たちは考える。ともかく、ある行動に対する意志、知性、決断力といったものが通常そこで生まれ、そこに存在するという器官がいくつかあるが、そうした器官のほんのわずかな痕跡ですら、花に見出すことはできないのだ。したがって、花においてこんなにも驚嘆すべき動きを見せるものは、他では私たちが「自然」と呼んでいるものから直接来ていることになる。他の種のものに対して、ひとりでに罠を仕掛けてしまうのは、もう個体としての知性ではなく、無意識的な共有された力なのだ。このことから、こうした罠は、偶然的なことがくりかえされたために法則化されるにいたるような純粋な偶然とは異るものであると結論してもよいだろうか。まだ私たちにはそう言いきる権利はない。これらの花はこうした奇蹟的とも言える仕掛けがなかったら生き残ってはいなかったろうし、他の異花受粉を必要としないような花がこれらにとって代っていただろうというふうにも考えられるのだ。そして誰ひとりとして最初の花々がもう見られなくなったことに気付きもせず、地上にうねる生命というものは私たちにとって、もとどおり不可解で変化に富み、感嘆すべきものに見えるだろうと。

XVII

けれども、どこから見ても配慮と知性がはたらいていると思われる行動は、幸運な偶然をひき起し、またそれを維持するということを認めないわけにはいくまい。そうした幸運な偶然は、いったい何から起るのか。行動をおこす主体そのものからなのか、あるいは主体が生命をくみとっているある力からなのか。それは「どうでもよいことだ」と言うつもりはない。それどころか、これを知るのはひじょうに重要なことですらあるだろう。しかし、私たちがこれを知るまでは、——つまり、花こそが自然が花にあたえた生命を保ち完成しようと努力しているのだとか、あるいは自然こそが、花の選びとった存在の役割を保ち、かつ改良しようと努力しているのだとか、結局は偶然こそが偶然を規制するにいたるのだという具合に知るようになるまでは、そこここに見られる数知れぬしるしが私たちを促しているのだ。私たちのもっとも高度な思想にも等しいなにかがときおり、それがどこにあるかはわからないのだが、感嘆すべき、ある共通の鉱脈のようなものから流れ出てくるのだというふうに考えなさいと。

ときにはこの共通の鉱脈からは、誤りも出てくるように思われる。だが、いかに私たちがほんのわずかなことしか知らないとはいえ、誤りというものが、私たちが最初にちらと投げかける視線の届かぬところにある賢い行為なのだということを認めざるをえないような場合は、いく度となく経験している。私たちが一目で見てとれるような小さな円の範囲内ですら、たとえ自然がそこでは誤りを犯しているように見えても、それは自然が、不注意な過ちをおかしたとみなされたことは他のところで償うのが有益だと判断しているからだと見破ることができる。自然は先ほど言及した三種類の花に、自分たちだけでは受粉できないというむずかしい条件を課した。しかし、それは自然が、これら三種類の花は隣の花によって自分が受粉するようにしていくのを有益だ――なぜかは私たちにはわからないがだ――と判断するからなのだ。そして自然は私たちの右手の方では見せもしなかった霊感にみちた精神を、左手の方では発揮させて、自分の犠牲者たちの知的な部分を活気づけたりする。この精神がなぜこうした回り道をするのか、私たちには説明がつかないのだが、そのレベルはつねに同じである。誤り――誤りが可能だとしての話だが――に陥ったと見えるや、ただちにこの精神は、その誤りの償いをすべき手段を講じて上昇する。私たちがどちらを向こうと、それは私たちの頭上に君臨しているのだ。それは円形の大洋であり、私たちの抱くこのうえなく大胆で独立不羈の思想ですら、そのうえでは従順な泡にすぎないような、けっして水位のさがることのない渺渺たる水面なのである。今日、私たちはこれを自然と呼んでいるが、将来にはおそらく、もっとおそろしい、あるいはもっと優しい他の名前を見つけているかもしれない。ともあれ、この霊的精神は生と死を、同時に、そして同じ意図をもって支配し、この和解しえないふたりの姉妹に、華麗な、あるいは使い慣れた武器を提供しているのであり、この武器はその胸を動転させることもあれば、その胸を飾ることもあるのだ。

XVIII

この精神が、その表面にうごめいているものを存続させるためにいろいろ用心しているのか、あるいは、その表面にうごめいているものは自分を生かしているまさにその精神に対していろいろな用心をしているのだといって、このたいへん奇妙な循環論を閉じるべきなのか、これについては保留すべき問題点がいくつもある。あるひとつの種が、かの卓越した意志の講じてきた数かずの危険な心づかいにもかかわらず、そうしたものと関係なく生きながらえてきたのか、あるいは、結局はひたすらそうしたもののおかげで生きながらえてきたのか、私たちにはそれを知り得ないのである。

私たちが認めうることといえば、これこれの種が存続している、したがって、この点に関しては自然は正しいということだけだ。だが、私たちの知らなかった種がいったいどれほど、自然の忘れっぽい、あるいは落着かない知性の犠牲となりはてたかを誰が教えてくれようか。生命と呼ばれる不思議な流体、それは他のすべてのものと同様私たちにも生命をあたえているものであり、このことを考える私たちの思考や語ろうとする私たちの小さな声を創り出すものでもあるのだが、その流体はときにはまったく無意識に、ときにはどことなく意識して、意外な、敵対しあうようなさまざまな形態をとって現れてくるのであって、私たちに確かめうるもうひとつのことといえば、これらのさまざまな形態なのである。

★1——飛翔台は往々にして、巣箱がのせられている板とか皿とかの延長部分にすぎぬ場合が多く、正面入口である飛翔孔の前の、低い階段、あるいは中段、踊り場、といったようなものである。

★2——ある蜜蜂学者たちは、卵が孵化すると、働蜂も女王蜂も同じ食糧、つまり乳母係の蜂の頭にある特別な腺から分泌される、窒素分の大変多い乳のようなものを与えられるのだと主張している。だが数日後には、働蜂の幼虫の方はこの乳をあたえられなくなり、蜜と花粉からなる、少し粗末な食餌療法を施されるのに反して、未来の女王蜂の方は、完全に成育するまでは〈女王家の牛乳粥〉(ロイヤル・ゼリー)と呼ばれる貴重な乳を腹いっぱい与えられる。ともあれ、この食物の結果からあの奇蹟は生まれるのだ。

★3——ダーウィンがのべている、この驚くべき罠の詳細をここに書くわけにはいかない。が、大ざっぱにその図式を書いておこう。オルキス・モリオの場合、花粉は粉状ではなく、花粉塊と呼ばれる小さな棍棒状に固まっている。各棍棒(ふたつある)の下端にはねばねばする丸い座金のようなもの(粘着体)があって、これは膜質の袋様のもの(粘着体嚢——原文にはここに小嘴体とあるが、あきらかにまちがいと思われるので訂正した——訳者)に包まれており、これにほんの少しでも何かが触れるとはじける。蜂がこの花にとまって、蜜を吸うために頭をつっこむと、頭が膜質の袋に軽く触れてこれが破れ、ふたつの粘着体がむき出しになる。花粉塊はこの粘着体の粘着性物質のおかげで、昆虫の頭にくっついてしまい、蜂の方は花を去るときにこの花粉塊を、球部のついた二本の角のようにしてつけて運び去る。この蜂が隣の蘭の中に入り込んでいくときに、花粉を満載したこの二本の角が、もしまっすぐで固いままであったとしたら、それは二番目の花の膜質の袋に触れてこれをただはじけさせることしかできなかっただろう。オルキス・モリオの方はこの困難を前もって予測するだけの才は備えているので、三〇秒後、つまり蜂が蜜を吸上げて他の花へ行くのに必要なわずかな時間がたつと、あの小さな棍棒の茎にあたる部分(花粉塊柄のこと——訳者)が、乾いて縮んでいく。しかも、つねに同じ側、同じ方向に向かってである。すると花粉のつまっている球状部は傾いていくが、その傾斜の度合はみごとに計算されていて、蜂が隣の花に入っていくときには、この球状部がまさに柱頭と同じ高さにくるようになっている。その柱頭の上に繁殖の粉である花粉をまきちらせばよいのだ。(花の無意識な世界での、このひっそりとおこなわれるドラマの詳細は、ダーウィンのすばらしい研究論文「昆虫による蘭科植物の受粉と雑交の好結果について」(一八六二年)を参照のこと。)

5 章

結婚飛翔

太陽が光りきらめくとき、一万匹以上の求婚者の行列から選ばれたたった一匹だけが女王と合体し、同時に死とも合体する。

さて、今度はいったいどんなふうに女王蜂の受精がおこなわれるかを見てみよう。ここでもまた自然は別の巣箱出身の雄と雌の結合を容易にするために、いくつかの驚くべき処置を講じている。これを奇妙な法——これを布告せよという圧力を、自然はなにからも受けてはいないのだが——というべきか、気まぐれ、あるいはたぶん初めてのうかつな誤ちであって、これを修正するには自然の作用のうちでもっともすばらしい活力を必要とするのだというべきなのか。

もし自然が異種受精やその他の気まぐれな欲望に関して現に浪費している才能の半分でも、生命を強固なものにするために、苦痛を弱めるために、死をやわらげるために、おそろしい偶然の数かずを遠ざけるために、もちいていたなら、世界が私たちに差し出す謎は、いま、私たちが洞察しようと努力している謎より、もっとわかりやすく、もう少しましなものであったろうに。しかし、ありえたかもしれないことではなく、現にそうあることの中からこそ私たちが存在というものに対して抱く意識とか関心をくみとるべきだろう。

何百という元気旺盛な雄蜂は、つねに蜜に陶酔し、恋の交りを結ぶことを唯一の存在理由として巣箱の群れの中で処女女王と共に生活し、彼女のまわりで動きまわっている。この二種類の落ちつかない存在は、他の場所ならどこであってもあらゆる障害を乗越えて結ばれるものを、彼らがたえず接しあっているにもかかわらず、巣箱の中ではけっして結合はおこなわれない。女王蜂を閉じこめたまま受精させるのに成功した例はないのである。★1 女王をとりまく恋人たちは、彼女が彼らの中にいるかぎり、彼女が何者であるかを知らない。自分たちがいましがた彼女と別れたばかりで、それまで彼女と同じ巣板に眠っていたのだとか、出発のおそろしいどさくさのなかで、たぶん彼女を突きとばしたりもしただろうとかいうことは思ってもみずに、彼らは空間に、地平のもっとも奥まった窪みに、女王を求めて飛ぶ。彼らの感嘆すべき眼、頭全体を爛々と光るヘルメットで覆っているようなあの眼は、女王が紺碧の空を飛翔するときにのみ彼女を認め、彼女を欲するものであるらしい。毎日、一一時から三時まで、太陽の光がきらめき溢れるとき、とりわけ正午に、太陽の炎をもっとかき立てようと、天空の果てにまで青い大きな翼が拡がっていくとき、めかしこんだ彼らの群れは、伝説のどんなに近寄りがたい王女よりもなお高貴で望みえない妻を求めて飛びだしていく。伝説の王女にも増して望みえないというのは、まわり中のすべての都市から駈けつけた二、三〇の部族が彼女をとり囲んで、一万匹以上の求婚者の行列となるからであり、この一万余の中からたった一匹だけが選ばれて、たった一分間の、しかも一回かぎりの接触――これによってこの一匹は至福と合体すると同時に死とも合体することになるのだが――をおこなうからである。一方、残りのすべてのものはこの抱きあったカップルのまわりを、なすすべもなく飛びまわり、蠱惑に満ちた宿命的な王女の幻をふたたび眼にすることもなく、やがて死んでいくことになる。

II

自然のこの驚くべき気ちがいじみた浪費のことを、私は誇張して言っているわけではない。最良の状態にある巣箱には、ふつう、四、五百の雄蜂がいる。衰退してしまった巣箱や、もっと力の弱い巣箱にはしばしば四、五千の雄蜂が見られるが、これらはある巣箱が没落の道をたどるにつれて、産み出される雄蜂の数が増えるからである。平均していえば、一〇のコロニーからなる養蜂所では、ある瞬間には一万の雄蜂の大群が空中に舞うが、そのうちのせいぜい一四、五匹が彼らの生存の目的である唯一の行為を遂行するチャンスをもつことになる。

それまでのあいだ、彼らは都市の貯えを食いつくしていく。そして、五、六匹の働蜂が絶え間なく働いてやっと、ものを食う口だけは達者なこの厄介者一匹分の、もてあますほどの無為の中の食欲を満たすに足りるか足りないかというところなのである。しかし、こと愛の機能と特権に関するかぎり、自然はつねに気前がよい。そして、労働の器官と手段に関してのみけちけちする。自然は人間が美徳と呼んできたすべてのことに対して、とりわけ気むずかしくなる。そのかわり、恋人たちであれば、それがどんなにつまらぬ恋人たちであっても、そのとおり道のうえには金銀宝石、その他の愛のしるしを惜しまずばらまくのである。自然はいたる所で叫んでいる。「結婚せよ、繁殖せよ、愛の他には法も目的もない」と。――そして仕方なしに小声でつけ加える。「その後もしできるのなら永らえよ、もう私の知ったことではない」と。なにをしようと、どんなに他のことを望もうと、私たちのモラルとはまったく異るこのモラルに、いたるところで出くわすのだ。さらに、同じ小さな生き物の中にも自然の不当な吝嗇と馬鹿らしいほどの豪勢ぶりとが共存しているところを見ていただきたい。生まれてから死ぬまで、禁欲的な働蜂は身をひそめて咲く花の群落を求めて、遠く、びっしり茂った林の中まで飛んでいかなければならない。蜜槽の迷宮や花粉袋の秘密の小路で、隠されている蜜や花粉を見つけださなければならない。それなのにその眼と嗅覚器官は雄蜂のそれに比べると不具のような眼であり嗅覚器官であるのだ。雄蜂は、たとえほぼ眼が見えず嗅覚がないとしても、それがために苦しみはしないだろうし、そのことをほとんど意識すらもしないことだろう。彼らにはなにもすることがないのだし、追い求めるべき餌食があるわけでもない。彼らにはもう食べればよいだけという食物が供給されるのだし、彼らの生活は巣箱の暗がりの中で巣板からじかに蜜を啜ることで過ぎていくのだ。だが彼らは恋を遂行する代理人であり、この莫大な数の無益きわまりない贈物は、惜し気もなく未来の深淵の中へ投げ出されたのだ。彼らの中で千匹のうちの一匹が生涯にただ一度だけ空の深みの中に処女女王蜂の存在を見出すことになるだろう。千匹のうちの一匹だけが逃げようとはしない女王蜂の足跡を空中でほんの一瞬追うことになるだろう。それで充分なのだ。あの不公平な力が、みずからの未曾有の宝物庫をすっかり、錯乱したと思うほどに開け放ったのだから。千匹のうちの一匹の生命を賭けた結婚の数日後には残りの九九九匹は虐殺されてしまうというのに、自然は、この見込みのほとんどない恋人たちに、頭の各サイドにつき一万三千の眼をあたえている。働蜂の方は六千だというのに。チェシャーの計算によれば、雄蜂の触角には三万七千八百の嗅覚孔がそなわっているが、働蜂には五千とない。これは、およそいたるところで眼にする不均等の一例である。それは、自然が恋のためにあたえる贈物と、労働に対して出ししぶる贈物との間の不均等であり、快楽の中で生命を躍進させるもののうえに自然がふりまく寵愛と、労苦のなかで忍耐強く持ちこたえているものを顧みようともしない無関心との間の不均等である。こうして出くわすさまざまな特徴に基づいて、実際の自然の性格を描こうとする者は、異様とも言える自然の姿を描き出すことになるだろう。それは私たちの理想とするものとは似ても似つかないとはいえ、やはり自然そのものに由来しているはずの姿なのである。しかし、人間は自然の肖像を描き出そうとするには、知らないことがあまりに多すぎるから、大きな影を描いてそこにふたつ三つぼんやりした光の点をつけ足すくらいのことしかできないだろう。

III

私の思うには、女王蜂の結婚の秘密を暴いた者はほとんどいない。これは美しい天空の、広大無辺でまばゆいばかりの襞目の中でおこなわれるからだ。しかし、彼女がフィアンセとしてためらいがちに出発し、妻として殺人者として戻ってくるところをうまく観察することもできる。

彼女はじりじりしながらも、決行の日と時間を選ぶ。そして戸口の蔭で、巨大な紺碧の壺のような天の深みからすばらしい朝が婚礼の空間に溢れ出てくるのを待つ。露の名残りが葉や花々を思い出で濡らしているとき、衰えゆく黎明の最後の涼やかさが、不器用な戦士の腕に抱かれた裸の処女さながらに、観念しながらも昼の暑さにさからっているとき、沈黙と近づいて来る真昼のバラのせいで、かえってまだそこここに朝のすみれの残り香や、夜明けの透明な叫びのようなものが感じとれるとき、——そういうときを彼女は好むのだ。

彼女は入口に姿を現す。自分たちの仕事に従事している働蜂たちが、彼女に対してまったく無関心でいるときと、狂わんばかりに興奮した働蜂にとり囲まれるときとあるが、それは巣箱に彼女の妹たちが残っているか、それともう彼女の後任者となるものがいないかのいずれかによる。彼女は後ずさりして飛び、二度三度と飛翔台に戻ってくる。そして、それまでに一度も外側から見たことのない自分の王国の外観と正確な位置を頭の中に入れてしまうと、彼女は矢のように紺碧の空の天頂へ向かって飛び出していく。こうして彼女は他の蜂が生涯のどんな時期にも行かないような高みと光あふれる大気圏に達する。遠くで、花のまわりに自分たちの怠惰なムードを漂わせていた雄蜂たちはこの出現に気付き、その魅惑にみちた香気をすいこむ。この香気は徐々に近隣の養蜂所にも広がっていく。するとただちにいくつもの群れが集まり、彼らは彼女のあとを追って、澄みきった境界がどんどん移動していくような歓喜の海の中に飛びこんでいく。彼女の方は自分の翅に酔いしれて、自分のために恋人を選んでくれ、最強の者のみが天空の孤独の中で自分に追いつくようにと望んでくれているすばらしい種の法則に従って、上へ上へと昇りつづける。朝の青い空気は、はじめて彼女の腹部の気門から流れこんで、千にも分れた細い気管の中で天の血液だとでもいうように歌いはじめる。この細い気管は、彼女の身体の半分を占めて空間から生命の糧を得ているふたつの気嚢に連結している。彼女はたえず上昇しつづける。神秘的な儀式を邪魔するかもしれないような鳥ももう飛び交わない荒蓼とした空の領域にまで達しなければならないのだ。彼女はさらに高く飛翔する。すでに能力の劣るものたちの群れは減り、彼女のしたにつぎつぎと脱落していく。弱い者、不具者、年寄り、発育不良の者、栄養不良の者、そうした者たちは追跡をあきらめて虚空に消えていく。無限のオパール色の空間には疲れを知らないほんのわずかなグループだけが、成功するとも失敗するともわからずに残っている。彼女が最後の力をふりしぼって翅を動かすと、不可解な力によって選ばれた一匹が彼女に追いつき、つかまえ、彼女の中に入って合体する。そして、双方の情熱が高まっていくと、からみあったままの彼らの飛翔は、一瞬、愛の、敵意をもった錯乱の中で、螺施形を描いて上昇していく。

IV

大部分の人間は、死と愛とを分けているのはほんのちょっとした偶然であり、一種の透明な膜のようなものであって、自然は深淵な意図から、ある人間が新しい生命を後世に遺した瞬間にその人間が死ぬことを望んでいるのだという漠とした意識を持っている。おそらくはこの代々受け継がれて来たおそれこそが、恋愛を大変重要なものにしているのだ。いまでも人間たちがキスをするときには、こうした自然の意図の思い出がたちこめるのだが、この意図はここではすくなくとも原始的で単純な形で現れてくる。つまり、結合が達成されるやいなや雄蜂の腹は裂け、生殖器官は内臓のかたまりを引ずり出して抜け落ち、翅はゆるむ。そして婚礼の稲妻に撃たれて、空っぽになってしまった身体はキリキリ舞いをして奈落の底へと落ちて行く。少し前に、単性生殖に際しては、雄蜂を異常に増やすために巣箱の未来を犠牲にしてきたその同じ自然の意図が、ここでは巣箱の未来のために雄蜂を犠牲にするのである。

この自然の意図にはいつも驚かされる。調べれば調べるほど確信はぐらついてくるのだ。たとえば他の誰よりも情熱的に、かつ体系的にこれを研究したものとしてダーウィンをあげれば、彼はあまり認めたがらぬものの、一歩進むたびに当惑し、思いがけないことや相いれない事態に出くわしては道をひき返した。もし、人間の才能が測りしれない力と格闘している気高くも屈辱的な光景を目撃したいと思うなら、ダーウィンを見てもらいたい。雑種が不妊性であったり多産性であったりすることに関する、信じがたいほどに不可思議で脈路のない奇妙な法則や、種や属の特徴の変異性に関する法則を解明しようとしているダーウィンを見てもらいたいものだ。彼がやっとひとつの原則を立てると、たちまち無数の例外が襲いかかってくるので、間もなくこのさんざん痛めつけられた原則は、ほんの片隅に避難所を見出して、「例外」の名のもとに細々と存在しつづけられることを幸せとするのである。

雑種性や変異性(とくに、生長の相関作用と呼ばれる同時に現れる諸変異)においても、本能においても、生存競争のやり方や淘汰においても、有機体たる生物の地質学的に見た連続状態や地理的分布状態においても、相互の類縁関係においても、他のいかなる場合でも同じなのだが、自然の意図はと言えば、同じ瞬間にしかも同じひとつの現象において、こまかなことにこだわるかと思えば投げやり、節約好きで浪費好き、用心深くて無頓着、移り気にして確乎不動、興奮状態にありながら泰然自若とし、一にして無数、雄大にして貧弱という具合だということである。自然の前には単調そのものという広大な処女地が広がっていたのに、自然はそこをさまざまな小さな誤謬や矛盾する小さな法則、盲目の羊の群れのように存在の中をさ迷うむずかしい小さな問題などでいっぱいにしてきたのだ。ただ、こうしたことすべては、人間の身の丈と必要とに応じた現実しか映さない私たちの眼をとおして見たことであって、自然はこうしたことの諸原因と予想外のいろいろな結果を忘れてしまっていると信ずべき正当な理由はなにもないことも事実なのだ。

ともあれ、自然はこうした結果があまりに道を逸脱して、不条理な領域、あるいは危険な領域に近づくのをそのままにしておくこととはめったにない。自然は、つねに正しいふたつの力を自由に駆使しているので、自然界の諸現象がある一定の限界を越えると、このふたつの力、生かあるいは死に合図を送る。するとそれはやってきて、秩序を回復し、進むべき道を無頓着に描いてみせるのである。

V

自然はいたるところで私たちの手を逃れる。私たちの規則の大部分を軽蔑し、私たちの尺度をすべてめちゃめちゃにしてしまう。——私たちの右手では自然は人間の思考にはるかに劣っているのに、さて左手では、突然、山のように人間の思考を見おろすのだ。自然の最初の実験による世界でも、最後の実験による世界――すなわち人間界ということだが――でも同じように、自然はたえず思いちがいをしているように見える。人間界では、自然は無名の大衆の本能や大勢の人たちの無意識の不正、知性と徳の敗北、崇高なところのないモラルといったものを容認している。このモラルは種族の大きな流れを導いていくものではあるが、この大河にさからって流れるもっと清らかな小さな流れに加わるような一精神が抱きうるモラル、望みうるモラルに比べれば明らかに劣るものである。それならば、この同じ精神、つまり同じ人間が今日、あらゆる真理を、したがって道徳的真理もその他の真理をも、自分の裡にというよりはこのカオスの世界の中に、さまざまな真理が比較的明瞭かつ的確に現れてくるこのカオスの中に探し出すのが自分の義務ではないのか、と自問するのはまちがっているのだろうか。

彼はあんなにも多くの英雄や賢者たちによって確立された理想像の根拠や美徳を否認しようなどとは思わないが、それでもときどきこの理想像は厖大な数の大衆とは関りなく作りあげられたものであって、彼自身はその大衆の錯雑した美しさを表現してみたいとも思うのだ。人間のモラルを自然のモラルにあてはめてみることによって、この自然そのものの傑作と彼には思えるものをだめにしてしまったのではないか、と、彼がおそれてきたのも無理はない。しかし彼、人間がこの自然を前よりよく知るようになったいま、そして、まだおぼろげではあるものの、予想外に詳しいいくつかの答えのおかげで、自身の中に閉じこもって想像しえたことよりもはるかに広大な計画と叡知を自然がそなえているのを垣間見ることができたいま、彼は前ほどおそれてはいないし、また、人間独特の美徳と理性のための避難所をどうしても持たなければならないいわれもなくなった。このように偉大な存在である自然が、みずからの評判を傷つけるように仕向けたりするはずがないと彼は判断するのだ。自分の原理、確信、そして夢の数かずをより適正な審査にゆだねるべきときはまだ来ていないのかを知れるものならば知りたいと彼は思う。

くりかえして言うが、彼は人間としての理想を捨てようなどとは考えていない。はじめのうち、この理想をあきらめさせようとしたまさにそのものが、その理想にたち帰らせようとしているのだ。真実――それがすくなくとも彼自身の欲望の真実ほどすばらしいものではないときには、そうした真実のことごとくが、決定的なものになりうるほどに、また彼が企てようとしている偉大な計画にふさわしいほどに、高等なものであるとはかぎらないと思っているような人間に対しては、自然は悪しき助言などあたえようはずもないのである。彼の生活にあっては、彼とともに高まっていくという場合を除いて、なにひとつとして位置を変えるものはない。あとあとまで、彼は自分が昔ながらの善のイメージに近づく時は上昇していくと考えることだろう。だが彼の頭の中では、すべては自由自在に変化するのである。彼は咎められることもなく、夢中になって瞑想の奥深くに降りていって、美徳も、人生のもっとも残酷でもっとも背徳的な矛盾の数かずをも大切に思うようになることもある。というのは、たくさんの谷間がつぎつぎに続いていれば、それは彼の望む高原へ通じているのだと予感しているからだ。彼が確実なるものを探し求めつつも、探求の結果、たとえ彼の愛するものとは相対するところへ行きついたとしても、この瞑想とこの愛のおかげで、彼は依然として自分の行動を人間的にもっとも美しい真実にあわせて規正するし、最良の仮説を頼みにしていられるのだ。有益な美徳を増加させるようなものはすべてが、ただちに彼の生の中に入りこんでいく。これを減ずるようなものはすべて、最終的実験のときになってやっと働き出す不溶性の塩のように、生の中にそのままの状態で残っている。彼はつまらない真理でも受け入れるが、この真理に従って行動するには、この真理と他のあらゆる真理を包みこみかつ凌駕するに足る無限の広がりを持ったいくつかの真理とのあいだに、どんな関係があるかを見出すまで待つことだろう——もし必要なら、何世紀でも。

ひとことで言うなら、彼は道徳的次元と知的次元を区別していて、前者には以前よりさらに偉大で、さらに美しいものしか加えることは認めない。そして、実生活では始終あることだが、このふたつの次元を分けてしまって、そのために考えているほど申し分なく行動できないということが、たとえ非難すべきだとしても、最悪のものを知って最良のものに従い、思考より行動に重きをおくことは、とにかく有益で道理にかなっている。なぜなら、今までの人類の積んできた経験から、私たちの到達しうる最高度の思想も、当分の間は、私たちの探し求める神秘的な真理に比べれば程度が低いままにちがいないと日増しに強く期待できるからである。さらに、たとえいままでに起きてきたあらゆることのどれひとつとして真実でないとしても、彼にはまだ人間としての理想を放棄しない理由、単純で当然な理由が残ることだろう。彼がエゴイズムや不正や残酷さの例を提示しているように見える法則に力があることを認めれば認めるだけ、同時に、寛大さ、憐憫、正義を勧める他の法則にも力を認めることになるのだ。なぜなら、彼が宇宙に対して、彼自身に対して、果しているさまざまな役割をもっと系統だてて均等にし、つり合をとろうとしはじめるや、あとの方の法則にも前の法則と同じくらい深く自然な何ものかを見出すからだ。それは、他の法則が彼をとり囲むすべてのものの中に深く刻みつけられていると同様に、こうした法則が深く深く彼の中に刻みこまれているからなのである。

VI

さて、女王の悲劇的結婚に話をもどそう。いま私たちが関心を寄せているこの例では、自然は異種受精のことを考えて、雄蜂と女王蜂の交尾が大空の中でのみ可能であるよう望んでいる。しかし、自然のさまざまな願望は網目のようにからみあっていて、そのもっとも貴重な法則でさえたえず他の法則の網目をくぐりぬけなければならず、この他の法則の方でもまた一瞬後にははじめの法則の網目をくぐることになるのだ。

自然は同じひとつの空を、それはそれなりにあらがいがたい法則に従っている、冷たい風、気流、嵐、眩暈、鳥、昆虫、水滴、といった無数の危険でいっぱいにしているので、蜜蜂の交尾は可能なかぎり速くおこなわれるよう処置を講じなければならない。この目的は達せられている。雄蜂があっという間に死んでしまうためだ。一度の抱擁で充分なのだ。結婚の続きはまさに妻の腹の中で完成されるというわけである。

彼女の方は青い空の高みから巣箱に舞い戻るが、装飾用の旗のように、揺れ動く恋人の臓腑をながながと後にひきずっている。蜜蜂学者の中には、彼女が将来の望みを孕んで帰って来ると働蜂たちが大変な喜びようを見せると主張する人もいる。中でもビュヒナーはこの場面をくわしく描写している。私は幾度となくこの婚礼からの帰還を待伏せて観察したが、白状すれば、異常な興奮を確認したことは一度もない。ただ、分封群の先頭にたって出発した若い女王で、彼女が、最近建設されたもののまだ住民が少ないという都市の唯一の希望を象徴している場合は別である。このときには働蜂という働蜂はすべて狂喜して、彼女を出迎えに殺倒する。しかし、ふつうは、たとえその都市の未来がかなり危険な状態にあっても、彼女たちは女王を忘れているように見える。競争相手の女王蜂の殺戮を認める時点までは、彼女たちはすべてを予測してきた。だが、ここへきてその本能は立止まってしまう。彼女たちの用意周到さにも穴のようなものがあいているのだ。そのために、かなり無関心に見える。彼女たちは頭をあげ、おそらくは、受精による雄蜂殺害の証拠を認めるのだが、まだあやぶんでいて、私たちが想像して期待するような歓びを示したりはしない。実際的で、幻想を抱いたりしない生き物だから、彼女たちはたぶん、喜ぶ前に何か他の証拠を期待しているのだろう。私たちとは大変に異る小さな生き物の感情をすべて極端に論理化しようとしたり、人間的に解釈しようとするのはまちがっている。人間の知性の反映のようなものをそなえているすべての動物に関しても同じことなのだが、蜜蜂に関しても、いろいろな本に書かれているように一定した結果に行きつくことはめったにない。私たちがいまだに知らない事実がいくらでもあるのだ。いったいどうして、ありもしないことを言って、そうした事実を実際以上に完璧なものにしてみせなければならないのか。こうした事実がもし人間に似ていたら、もっと興味深いだろうにと誰かが考えるとしたら、それは、そういう人たちが真摯な精神の持主ならどういうものに興味を呼びおこされるかということを正しく理解していないからである。観察者の目的は人を驚かすことではなく理解することであり、ある生き物の知力の諸欠陥や、人間とは異った認識系統を示しているさまざまな手がかり、といったものを、ただ単に示すだけでも、そうしたことの不思議さをのべたてるのと同じくらい好奇心をそそるものだ。

とはいうものの巣箱じゅうが無関心そのものというわけではない。女王が息せききって飛翔台に着くと、いくつかのグループができて、円天井のならぶところまで彼女につき従う。そこには巣箱の中のあらゆる祝祭のヒーローである太陽が、おどおどした小刻みな足どりで入りこみ、蠟の壁と蜜の幕を影と空の紺碧とで浸している。さて、新妻は国民と同じく動揺もしていない。実際的で無情な女王の小さな脳の中には、さまざまな感情が入るだけの場所がないのだ。彼女には、たったひとつの気がかりしかない。彼女が動きにくいようにしている夫の邪魔な置土産をできるだけ早く取り除くことである。彼女は入口に坐りこんで、もう無益な雄の臓腑を注意深く抜き離す。それを順次に働蜂たちが運び去り、遠くへ捨てにいく。雄蜂は自分にそなわっているすべてを、必要以上のものまでも、彼女にあたえてしまったのだ。彼女の受精嚢の中に残っているのはもう、数百万の生命の芽生えが泳ぐ精液だけだ。そしてこの生命の芽生えは、彼女が死ぬ日まで卵がそばを通って行くときに、ひとつまたひとつと出て来て、彼女の躰の暗闇の中で雌雄両要素の神秘的な合体をとげる。この合体から生まれるのは働蜂(雌)である。奇妙な交換作用によって、雄となる要素を供給するのは彼女であり、雌となる要素を供給するのは雄蜂なのである。交尾の二日後に彼女は最初の卵を産みおとす。するとたちまち国民は細心の心遣いを見せて彼女をとり囲む。以後、自分の中に汲めどもつきぬ雄を内包して二重の性をえた彼女は、その真の生活を始める。分封群をひきつれていくなら話は別だが、彼女はもはや巣箱から出ず、日の光も見ることはない。そしてその産卵能力は死が近づくまで衰えないのである。

VII

これは何と驚くべき婚礼だろうか。夢想しうるかぎり夢幻的で、空の青に染まって悲劇的な婚礼、欲望の激情によって生命の彼方に押し流されてしまう婚礼、電光石火のごとく終わりしかも不滅で、特異でありまばゆく、孤独にしかも数かぎりなくあげられる婚礼。なんとすばらしい陶酔だろうか。この陶酔のさなかに死が、地球の周りでもっとも澄みきって美しい所、何ものも侵入したことのない果しない空間にやってきて、厳かに透明な大空の中で幸福の瞬間を決定し、愛につきものの少しばかり賤しいところを無垢の光の中で清め、この抱擁を忘れえないものにする。そしてこのときばかりは、死は寛大な税をとりたてるだけで満足し、母性的になったその手で、遠い未来のためにみずからふたつの小さなもろい生命を導き、結びあわせ、ひとつの同じ躰の中でもはや離れえなくなるよう面倒をみてやるのである。

深遠な真理にはこのような詩情はない。そうした真理には、私たちにはもっと捕えにくい、それでも多分いつかは理解し愛するにいたるような別の詩情があるのだ。パスカルならば「微小なるものの縮図」とでも呼んだであろうこのふたつの存在、女王蜂と雄蜂に、自然は輝かしい結婚も、愛の理想的な一瞬もあたえてやろうとはしなかった。すでに述べたように、自然は異種受精による種の改良のことしか念頭にない。これを確実なものにするために、自然は雄蜂の生殖器官を空中以外の所では使用できないような、大変特殊なものにしつらえた。雄蜂はまず長いこと飛んで、ふたつの大きな気嚢を完全に膨らませなければならない。青い空をいっぱいに吸いこんだ、このふたつの大きな膨脹部がつぎに下腹部を圧迫して、生殖器官は外に突き出る。ある人たちはごくありふれていると言うだろうし、またある人たちは痛ましいようだと言うことだろうが、これこそが、恋人たちのほれぼれする飛翔の、そしてすばらしい婚礼での眼もくらむばかりの追跡の、生理学上の秘密というわけである。

VIII

「私たちはと言えば、つねに真理のうえで楽しむべきなのだろうか？」と、ある詩人が自問している。しかり、何ごとにつけ、いつでも、あらゆることを楽しもう。真理のうえでではなく――真理がどこにあるのか知らないのだから、これは不可能なのだ――私たちが垣間見る小さないくつもの真理のうえで。もし、何らかの偶然、想い出、錯覚、情熱といったもの、つまりひとことでいえば、なんであれなんらかの誘因によって、ある事物が他の人にそう見えるよりも美しく見えるのならば、まずこの誘因は自分にとって貴重なものだとしようではないか。おそらくこれは誤謬にすぎないだろう。しかし誤謬ではあっても、ある事物が私たちにいちばんすばらしく見える瞬間こそが、その事物の真理に気づく可能性のもっとも多い瞬間であることに変りはないのだ。私たちがその事物の中に見出す美は、それの持つ真の美と偉大さへと私たちの注意を導いてくれるからだ。ただ、この真の美と偉大さは、見出すのがなかなか容易ではなく、あらゆる事物が普遍的で不滅の法則や力との間に必然的に保っている諸関係の中に存在するものなのだ。錯覚をもとにしても生まれうるとした感嘆する能力の方は、遅かれ早かれ明らかになる真実を前にしても失われることはないだろう。言葉をもちい、感情をこめ、かつて想像した美によってかきたてられた熱意の中で、今日、人類はさまざまな真理を迎え入れているのだが、こうした真理は、もしはじめの、犠牲になって見捨てられる幻想がまず心や理性――このふたつのうえに諸真理は降りていくのだが――を占有し、これを温めることをしなかったならば、生まれもしなかっただろうし、恵まれた環境を見出すこともできなかっただろう。ある光景がたいしたものであるということを悟るのに、幻想など必要としない眼は幸いなるかな！　他のものたちにとっては、幻想こそが見ること、感嘆すること、そして楽しむことを教えてくれるのだ。彼らがどんなに高い所に幻想を描こうと、それが高すぎるということはないだろう。真理に近づけば、真理は高くのぼっていき、真理に感嘆すれば、真理に近づくことになるのだ。彼らがどんなに高い所で幻想を楽しもうとしても、何もない空《くう》の中で楽しむとか、未知で永遠の真理を超えたさらに上方で楽しむということにはならないだろう。この真理は、まだ未解決の美と同じく、あらゆるものを超えたところにあるからだ。

IX

私たちは作り話や勝手気ままな非現実の詩にしがみつき、より良いものが望めないのでこれにしか喜びを見出さないということになるのだろうか。私たちがいま、あつかっている例では、——これは、それ自体としては何の価値もないものだが、他の数知れぬ例を代表しているし、いろいろ種類の異る真理を前にした私たちの態度を表してもいるので、例にとることにしよう——この例では、私たちは生理学的な説明を無視して、結婚飛翔の感動だけを大事にして楽しんでいるということになるだろうか。理由が何であれ、この結婚飛翔は恋と呼ばれている力、たちまち無私無欲でさからいがたいものになり、生きとし生けるものがすべて従ってしまう力、その力のひき起すもっとも抒情的で美しい行為のひとつであることに変りはないのだ。

誠実な人たちすべてが今日習わしとしている立派な習慣からみれば、これ以上幼稚でとんでもない話はないだろう。

気嚢がふくらんで初めて雄蜂の生殖器官が突き出てくるというこの小さな事実、それは議論の余地のないことなのだ。しかし、もし私たちがこれだけで満足して、それ以上のことを何も見ようとしないなら、もしこのことからあまりに遠くあるいは高く展開される思考はすべて必然的に誤りを犯すのであって、真実はつねに具体的なささいな事実の中にあると結論してしまうなら、そしてもし私たちがどことわず、つまらない説明がつけられて対象からはずさざるをえなくなったものよりも、往々にしてスケールの大きなさまざまな不確実な事実の中に、たとえていえば異種受精の奇妙な神秘の中に、種と生命の永続性の中に、自然の計画の中に、――こうしたことの中にあの説明のつづきを、未知なるものの中への美と偉大さの延長を、もし探し求めないのなら、もしそういうことなら、私たちはあの驚くべき婚礼に関する詩的で完全に想像上の解釈に盲目的に固執するような人たちよりもさらに真理から遠く離れて生涯を送ることになるだろうと、あえて断言したい。もちろん彼らは真理の形や色合に関してはまちがっているのだが、真理をすべてそっくり掌中にしていると得意になっている者たちよりはずっとましで、彼らは真理の影響を受け、その雰囲気の中に生きているのだ。真理を受け入れる準備はできていて、彼らの心の中にはそれを歓待して迎える余裕がある。たとえ真理を見ていないとしても、すくなくとも彼らは真理があると信じた方が良いような美しく高貴な場所の方へ眼を向けている。

私たちは自然の目的――それは私たちにとっては他のあらゆる真理を支配するような真理ということになるわけだが、それを知らずにいる。しかし、この真理に対する愛のためにも、この真理の探究への熱意を心に抱きつづけるためにも、自然の目的は偉大なのだと信じなければならない。そしてもし、ある日、私たちは道をまちがえたのだ、自然の目的はくだらないもので、統一もとれていないということを認めることになるとしても、そのくだらなさを発見するのは、私たちの想定した偉大さがあたえてくれた興奮のおかげなのであって、そのくだらなささえも、それが確かなものになったときには、なにをなすべきかを教えてくれることだろう。自然の目的という真理探究にのり出すにあたって、とりあえず、私たちの理性と心を最大限に力強く、大胆に働かせても、やりすぎということにはならない。こうしたことすべてをおこなって最後に言うその言葉が惨めなものであっても、自然の目的のくだらなさ、空しさを暴き出したということは、やはりくだらぬことではないのである。

X

「私たちにはまだ真理というものはないのです」——ある日のこと、このころのもっとも偉大な生理学者のひとりと田舎を散歩しているときに、彼は私に言うのだった。

「まだ真理というものはないのですが、いたるところに真理の三つの立派な仮象があります。各人が自分の選択をする、というよりむしろその選択を受け入れるのですが、彼が受け入れるか、あるいは往々にしてよく考えもせずに自分で選び、そのあとはこれを拠りどころとするその選択が、彼の中に入りこんでくるすべてのものの形態と動きを決定するのです。私たちが出会う友人、微笑みながら歩み寄ってくる女性、私たちの心を開いてくれる愛、心を閉じてしまう死や悲しみ、いま見ているこの九月の空、コルネイユの『プシケ』にあるように〝金色の胸像柱に支えられた緑の四阿《あずまや》〟のあるこのみごとな美しい庭、草を喰む羊の群れと眠っている羊飼、村のいちばんはずれの家々、木々の間に見える海、そうしたすべてのものが私たちの中に入ってくる前に、各人のおこなった選択から送られる小さな合図に従って、身を低くしたり、昂然としたり、飾りたてたり、飾りをとり去ったりしています。仮象を選択する術を身につけようではありませんか。取るにたらぬ真実と物理学的な根拠を探しつづけた人生の晩年になって私は、このふたつから遠ざかるものではなく、これらに先だつもの、とりわけこれらを少しでも凌駕するものを大事にしはじめたのです。」

私たちはノルマンディーのあのコオ地方のある高原の一番高い所についていた。この高原はイギリスの公園のように穏やかだが、ただし自然の、境界のない公園である。それは平野が生き生きとした緑に映え、まったく完璧このうえなしという、世界でもまれな場所のひとつなのである。もう少し北なら、うすら寒さが迫ってくるし、もう少し南だと太陽が平原を疲れさせ枯らせてしまう。海まで拡がっている平原のはずれで、農夫たちが麦藁の山を積みあげていた。

彼は続けた。

「見てごらんなさい。ここから見ると彼らは立派です。あんなに単純で重要なもの、定住する人間生活の気の利いた、ほとんど変ることのない、このうえもない記念碑である麦藁の山を築いています。彼らから離れているのと、暮れ方の空気のせいで、あの陽気な叫び声が、私たちの頭上にさざめく木の葉の気品ある歌に応える言葉なき歌のようなものに聴こえます。彼らの頭上の空は壮麗で、火と燃える棕櫚の枝を手にしたやさしい精霊たちが、仕事をもっと長いあいだ照らしておくために、すべての光を麦藁の山の方へ掃きよせたかと思いたくなります。棕櫚の掃き目も空に残っていますしね。丘の中腹、こんもりと丸い菩提樹の木々と、生れ故郷の海を見つめているお馴染の墓地の芝生とのあいだから彼らを見おろし監督しているつつましやかな教会をごらんなさい。彼らと同じことをしていった、そして今も心の中に生き続けている死者たちの記念碑の下に、彼らはいま調和よく自分たちの生の記念碑をたてているのです。

こうした全体を抱擁してください。イギリスやプロヴァンス、あるいはオランダで見られるような特殊なこと、特徴のあることはなにひとつとしてありません。これは自然のままの幸福な生活の、大まかで、象徴的とも言えるほどに月並な情景です。今度は人間の実際に役にたつ身体の動きの中に見られる調和をごらんなさい。馬をひく男、穀物の束を熊手にのせて突き出す男の肢体、麦のうえにかがみこんでいる女、遊んでいる子供たち……そうした人間たちを見てごらんなさい。彼らは景色を美しくするためには、ひとつの石を動かそうともしなかったし、シャベルいっぱいの土を運ぼうともしませんでした。必要でないなら、一歩でも踏み出さないし、一本の木も植えず、花の種ひとつ蒔きはしないのです。いまあげつらった情景はすべて、自然の中でいっとき永らえていくために人間のはらう努力の無意識の結果にすぎません。それなのに、私たちの中でも、平和や恩寵、あるいは深い思索を表す光景を想像したり創り出したりすることしか気にかけていないような人々は、これ以上に完璧なものはないと思って、私たちに美や幸福を提示して見せたいというときには、単にこれを絵に描いたり言葉で表しにやって来るのです。これが、ある人たちが真理と呼んでいる第一の仮象です」

XI

「もっと近づいてみましょう。大きな木々の葉にとてもよく和しているあの歌が聴きとれますか。あれは野卑な言葉と悪口でできているのですよ。そして、どっと笑い声があがるときは男か女かが卑猥な言葉を投げつけるか、いちばん弱い者や自分の荷も持ちあげられない傴僂《せむし》、皆につき倒される跛《びっこ》や、罵しられるうすら馬鹿のことをからかっているのです。

私はもう何年も何年も彼らを観察してきました。ここはノルマンディーで、土地は肥え耕すのも楽です。あの堆積の山のまわりにはこうした場景から想像できる以上の安楽が満ちています。だから、男たちの大部分は飲んだくれで、女たちの中にもそれはたくさんいます。私がここで名ざす必要もないと思いますが、ここの連中はもうひとつ別の悪徳にも蝕まれています。あそこに見えるあの子供たちは、その悪徳や酒のせいなのですよ。ほら、あのちび、瘰癧《るいれき》の子、X脚の子、みつくちの子、脳水腫の子。老若男女、すべてが農民のあいだのありふれた悪徳の数々を身につけているのです。彼らは粗野で偽善者、嘘つきで強欲、口が悪く疑い深くねたみ深く、不法に得るちっぽけな利益とか、さもしい勘ぐりとか強い者へのへつらいには目端がききます。窮乏にせまられて彼らは寄り集っているし、やむなく助け合いはしていますが、彼らがこっそり心に決めていることはといえば、自分に危険がおよばずにそうできるのならすぐにでも互いをやっつけようということです。他人の不幸だけが、村では唯一の本当の楽しみなのですよ。なにか大きな不幸は陰険な喜びの種となって、いつまでもいとし気に愛撫されるのです。彼らは互いに探りあい、ねたみあい、軽蔑しあい、憎みあっています。貧乏でいるかぎり彼らは自分たちの主人の苛酷さと欲深さに対して、じっと隠し続けて燃えたぎらせた憎しみを抱いていますが、その彼らの方が下男を持ったりすると、今度は下僕としての経験を生かして、自分が苦しめられたときをうわまる苛酷さと欲深さを発揮しようとするのです。

空間と平穏の中で湯浴みしているようなあの労働の原動力となっている卑俗さや悪賢さ、暴虐性、不正、遺恨などについてあなたに詳しくお話することもできます。このすばらしい空の眺めや、海の眺め、――その海はといえば、教会の後にひろがって、本当の空よりも感性をそなえたもうひとつの空、意識と叡智の大きな鏡のようなものを鋳造して地上に現出させているもうひとつの空を見せてくれていますが――そうしたものが彼らを大きくしたり高めたりするかもしれないなどと思ったりしてはいけません。彼らはそんなものを眺めてみたこともないのですよ。三つ四つの限られたおそれを除けば、彼らの思考をゆすぶるもの、導くものは何ひとつありません。それは飢えに対するおそれ、力に対するおそれ、世論と法に対するおそれ、そして死を前にしての地獄に対するおそれです。彼らがどういう人間であるかをお知らせするには、ひとりひとりを取りあげてみなければならないでしょうよ。右の方にいるあの快活そうで、みごとな小麦の束を投げあげている大きな男を見てごらんなさい。昨年の夏のこと、ある宿屋での殴りあいで友人たちがあの男の右腕をへし折ってしまいました。複雑でかなりひどい骨折でしたが、私がその骨つぎにあたりました。長いこと彼の手当をし、もう一度働けるようになるまで、暮していくには困らぬようになにかとものをあたえました。それであれは毎日毎日私の所へやってきたものです。彼はそれに乗じて、私が私の妻の妹の腕の中にいるところを見たとか、私の母が酔っぱらっていたとかいう話を村に言いふらしました。彼には別に悪意はなく、私に恨みを抱いているわけでもないのです。それどころか逆に、いいですか、彼の顔は私を見ると人の好い、真心からの微笑みで輝くのです。彼にそんなことをさせたのは社会的憎悪というわけでもありません。農民は金持を憎んではいないのです。富を尊重しすぎるくらいですから。私の思うには、わが善良なる熊手使いはいったいどうして私が一文の得にもならないのに彼の面倒を見てやるのか、皆目わからなかったのでしょう。これはなにか陰謀ではないかと勘ぐって、だまされまいぞと思っているのです。もっと金持なのや貧乏なのがひとりならず彼の前にそれと同じようなことやもっとひどいことをしましたよ。自分のこしらえた話を言いふらしているときも、嘘をついているとは思っていないのです。なんともいいがたいある種の環境的道徳感に従っていただけなのです。自分ではそうと知らず、むしろ意に反して、普遍的悪意という絶対的な力を持つ欲望に従っていたのです……が、何年かでも田舎に暮したことのある人間なら誰でも知っていることを全部言いつくす必要もありませんね。これが、大部分の人が真理と呼んでいる第二の仮象です。それはやむをえない生活の真理です。それが、明確このうえない事実、誰でもが観察し経験できるような事実にのみ根拠を置いていることは確かです」

XII

彼は話を続けた。

「この小麦の束のうえに腰をおろしてもう少し考えてみましょう。私が述べてきた真実を構成するような小さな事実はどれひとつとして投げ棄てたりしないようにしましょう。空間の中を自然に遠ざかっていくならそのままに放っておきましょう。そうした事実が舞台前面にみちあふれてはいますが、その背後には、まさに感嘆すべきある大きな力が存在していて、全体をそっくり維持しているのだということは認めなければならないでしょう。この力は全体をただ維持しているだけなのでしょうか、高めはしないのでしょうか。私たちがいま眼にしているあの人間たちはもう、〈はっきりした声のようなものをもち、夜になると洞穴の中にひきこもって、黒パンと水と草木の根を食べて生きていた〉とラ・ブリュイエールの言う野生の動物とはまったくちがうのです……。

この種族は、さして強くも健康にも見えないとあなたはおっしゃるかもしれません。実際そのとおりかもしれないのです。アルコールやその他の厄介ものは人類が乗りこえねばならない災難です。いや、おそらくは試練であって、人間のある器官、たとえば神経器官がこの試練から利益をひき出すのです。というのも、生命が自分の制圧した害悪をうまく利用するのを、私たちはきまって見ているからです。それに、明日にでも見つけられるかもしれないほんのちょっとしたものが、そうした害悪をやすやすと無害なものにしてしまうこともあるでしょう。だから、そんなことのために評価をあまくしなくちゃならないわけはないのです。この人間たちはラ・ブリュイエールのいう人間たちがまだ持っていなかった思想も感情も持っているのですから」

――「醜悪な半人半獣なんていうものより、私はただの裸の動物の方が好きですね」と私がつぶやいた。

「あなたは先ほど話した第一の仮象、詩人たちの仮象に従ってそう言うふうにいうわけです」と彼が続けた。

「でもそれと、いま検討している仮象とを混同しないようにしましょう。彼らの思想も感情もちっぽけで程度の低いものだと言うのならそれでも構いません。しかし、ちっぽけで程度が低いということはすでに、なにもないというより良いことなのです。彼らが思想や感情を働かせるのは、互いに害しあったり、今の凡庸さにあくまでしがみついていようとするときだけです。でも、自然界ではこういうことはよく起こります。自然があたえる贈物、それははじめのうちは悪い方にしか、自然が改良しようとしていたらしいものをもっと悪くするためにしかつかわれないのです。それでも最終的には、必ずそうした思わしくないことからなんらかの満足すべき成果が生まれてくるものです。ただし、私はここで進歩を証明したいなどと思っているわけではありませんよ。これはどの立場で考察するかによって、取るに足らぬことでもあるし、大変なことでもあるのですからね。人間の生活状態をもう少し隷属的でないものに、もう少し辛くないものにすること、これは大変大きな観点で、おそらくは確実に期待しうる理想でしょう。けれども、ほんの一瞬でも物質的実際的成果という立場を離れた人が評価すれば、進歩の先頭にたって歩む人間と、ただ盲目的にその後を這うように進む人間のあいだの距《へだた》りは大したものではありません。頭の中にはまとまりのない考えしかないという、あの無骨な田舎の若者たちの中にも、今の私たちふたりのいる意識の段階に、わずかな間に達する可能性のある者も何人かいるのです。あの人たちの無意識状態、それは完璧に近いものと考えられているのですが、それと、最高と思われる意識状態との間の距りが、どんなに無意味なことかに気づいてときどき愕然とするものですよ。

それに、私たちがこんなにも誇りにしているこの意識とは、いったいなにからできているものでしょう？　光からというよりそれよりずっと多くの影から、学識からというよりずっと多くの自覚した無知から、知っている事柄からというよりは知ることはあきらめねばならぬとわかっているずっと多くの事柄から、それは成り立っているのです。にもかかわらず、この意識こそが私たちの尊厳そのものであり、私たちのもっとも現実的な偉大さであり、またおそらくはこの世界でもっとも驚くべき現象でもあるのです。これがあればこそ、私たちは未知の原理を前にしても額をあげて、それに向かってこんなふうに言えるのです。〈私はあなたを知らない。それでも、私の中のなにかがもうすでにあなたを一目で見てとっている。あなたはおそらく私を破壊するのだろうが、もしそれが、私の残骸から私より優れた有機体を作り出すためでないならば、あなたは私というものより劣っていることを自ら示すことになるだろう。そして私が属している種族の死滅した後にやってくる静寂さで、あなたは自分が裁かれたのだということがわかるだろう。そしてもしあなたが、正しく裁かれるよう案ずることすらできないのであれば、あなたの握っている秘密などなんになろう。私たちはもう、どうしてもそれを深く知りたいなどとは思わない。それは馬鹿らしくて目も当てられぬものにちがいない。あなたは偶然にも、それを創り出すだけの資格はないという存在を創ってしまったのだ。創られた方にとっては、あなたの無意識の底を測定してしまう前に、逆の偶然によってあなたに抹殺される、というのは幸いなことであり、いつつきるとも知れないあなたの一連のおそろしい実験の数かずに耐えぬいて生き永らえないでもよいというのは、さらに喜ばしいことだ。この存在は、自分の知性に呼びかけてくる永遠の知性が存在しないような世界、最良のものを求める自分の気持が実際にはなにひとつよい結果をもたらしえないような世界ではなにもすることがなかったのだから〉と。

もう一度くりかえしますが、私たちがこの光景にうっとりするのに、進歩などは必要ではないのです。謎で充分です。そしてこの謎は、あの農民たちの心の中でも、私たちの心の中と同じくらい大きく、同じ不可思議な輝きを放っているのです。生命を、その全能の本源にまで辿っていくと、この謎はいたるところに見出されます。世紀から世紀へと、この生命の本源を形容する言葉を私たち人間は変えてきました。正確で、心の慰めになるものもいくつかありました。しかし、そうした慰めや正確さも錯覚だったことがわかりました。それでも、これを神、摂理、自然、偶然、生命、運命、と、どの名で呼ぼうと、不可思議はそのまま残るのです。そして、何千年にもわたる経験が教えてくれたことはといえば、もっと広漠とした、もっと私たちに近い、もっと柔軟な、期待にも思いがけなさにももっと応えるような、そういう名前をつけてやれということです。これが今日持っている名こそがそれであり、だからこそ、これが今以上に偉大に見えたことはありませんでした。

これが第三の仮象の数ある局面のひとつであり、最後の真理でもあるのです」

★1――マック・レイン教授は最近、数匹の女王蜂を人工的に受精させることに成功したが、これには微妙かつ複雑な、正真正銘の外科手術が必要であった。そのうえ、これらの女王蜂の産卵能力は限られていて、しかも一時的なものである。

6 章

雄蜂殺戮

ある朝、待たれていた合言葉が巣箱中にひろまると、
おとなしかった働蜂は裁判官と死刑執行者に変貌する。

I

女王の受精後、空に明るい光があふれ、空気は暖かく、花々には花粉と蜜がみちていると、働蜂たちは忘れっぽさからくる一種の寛大さゆえか、あるいはなみはずれた用心深さゆえか、まだしばらくのあいだは迷惑千万で穀つぶしの雄蜂の存在を黙認している。雄蜂の方は巣箱の中で、ユリシーズの館の中のペネローペの求婚者たちのように振舞っている。酒盛をし御馳走を食べて贅沢三昧をしては、名誉職の、放蕩者で粗野な恋人としての無為の生活をそこで送っているのだ。満足し、太鼓腹になり、出入口をふさぎ、通行の邪魔をし、仕事をさまたげ、押し、押され、途方にくれ、もったいぶり、愚かで悪意のない軽蔑でふくれあがり、一方では知性と底意をもって軽蔑され、つもりにつもってくる働蜂の激昂と彼らを待ち受けている運命には気づきもせず、彼らは暮している。くつろいで眠るために、住まいの中でも一番暖かな隅を選び、ものうげに起きあがっては、開いている巣部屋からじかにえもいわれずかぐわしい蜜を吸いこみに行き、よく出入りする巣板を排泄物でよごす。辛抱強い働蜂は未来のことを考えて、黙って損害の埋め合せをする。正午から三時まで、青みがかった平野が、七、八月の太陽の無敵を誇る視線を浴びて心地よい倦怠にふるえているとき、彼らは出入口に現れる。大きな黒真珠でできているヘルメットに、生きている二本の高い羽飾、美しく光る鹿毛色のビロードの胴衣、雄々しい毛並、堅く半透明の四枚マント、といったいでたちである。おそろしい羽音をたて、見張り番を押しのけ、蜜の水分を蒸発させるために羽ばたきする通風係をつき倒し、ささやかな収穫を得て戻ってくる働蜂をもんどりうつようにつきころがしていく。庶民は知るよしもない何か大きなもくろみを持ってわさわさと出立していく、かくことのできない神々のように、忙しそうで、どこか常規を逸した、しかも峻厳なようすをしている。一匹また一匹と、彼らは虚栄心にみち、たちうちできないくらい強そうに天空に立向かっていく。そしてすぐ近くの花々のうえに飛んでいって静かに止まり、午後の冷気に起こされるまでそこで眠りこける。そして、またしても威張りくさった旋風のようになって巣箱に戻り、相変らず同じ断乎とした強い意図をみなぎらせて貯蔵室に駈けつけ、蜜の桶に首のあたりまで頭を突っこんで、壺のように腹がふくれてくるまでつめこむ。そして出しつくした力を取りかえしてから、つぎの食事まで彼らを包んでくれる、夢も気がかりもない快い眠りへと重くなった足どりで戻って行くのである。

II

しかし蜜蜂は人間ほど忍耐強くはない。ある朝、待たれていた合言葉が巣箱中に広まると、おとなしかった働蜂は裁判官と死刑執行者に変貌する。誰がこの合言葉を発するのかはわからない。それは突如、働蜂の冷静で道理のある憤りから発せられるのだが、一糸乱れぬ統一国家の特質によって、ひとたび発せられるや全員の心にいきたわる。一部の国民は蜜漁りはとりやめて、この日は正義の仕事に従事することになる。蜜を出す壁のうえで、呑気な房状になって眠りこけている太ったのらくら者たちは、怒れる処女たちの軍隊によって突然眠りからよび起こされる。彼らは穏やかに、それでも自信なげに眼をさますが、自分たちの眼を信じられない。月の光が沼地の水をとおりぬけるのに苦労するように、彼らの驚きもその怠惰さをとおりぬけて現れ出るまでが容易ではない。自分たちはなにかのまちがいの犠牲になるのだと思いこみ、びっくり仰天して周囲を見まわす。そして、自分たちの生命という根本概念がまずその鈍い頭の中に蘇って、活力をうるべく蜜の大桶の方に向かって一歩を踏みだす。しかし、いまはもう五月の蜜の季節ではない。科木《しなのき》の花酒の季節、サルビアやイブキジャコウソウやシロツメクサやマヨラナの純粋で美味な蜜の季節ではないのだ。それまでは、蜜でいっぱいのすばらしい貯蔵槽が、彼らの口のしたで、蜜蠟でできた感じのよい、しかも糖分のある甘い縁どりの部分を開いてくれたのだが、その貯蔵槽へ自由に出入りできた入口はもうなく、かわりに彼らはまわりじゅうに、毒のある針が燃えるやぶのようになって林立しているのを眼にする。都市の雰囲気は一変している。花の蜜の親密な芳香にかわって、毒の刺激的な匂いが満ち、その毒の数知れない雫《しずく》は針の先にきらめいて恨みと憎しみを伝播させていく。彼らに有利な都市の法がめちゃくちゃになっていく中で、豊かに潤っていた自分の全生活が手ひどくたたきのめされたのだということを悟るより早く、うろたえたこの居候たちは一匹につき三、四匹の女裁判官に襲われてしまう。彼女たちは全力をつくして、彼の翅をひきちぎり、胸部と腹部のあいだの連結部を切断し、熱に浮かされたような触角を切り落し、脚をばらばらにし、剣を突き刺すべき隙間を環状の鎧に見つけようとする。図体は大きいが武器は持たず、針もないので、彼らは抵抗しようなどとは思いもせず、こっそり逃げ出そうとするか、あるいは彼らを悩ませる攻撃には感覚の鈍い部分だけしかさらさないようにする。つかまえている腕をゆるめようともしない敵たちを、仰向けになってその力強い脚の先で不器用に扇動するか、あるいはくるくる旋回して、群れ全体を狂ったような渦の中にひきこんでしまうおうとするが、この渦もやがて疲れはてる。すこしたつと彼らは実にあわれなようすになるので、私たちの心の底では正義とそれほどかけ離れてはいないあわれみの気持がすぐに戻ってきて、無情な働蜂に赦しを乞いたくなる。――が、そんなことをしても無駄である。彼女たちは自然の深遠で容赦のない法しか知りはしないのだ。この不幸な者たちの翅は引裂かれ、蹠《せき》節はちぎられ、触角はかじられ、咲き誇る花々を映しだし、青空と夏の天真爛漫な尊大さを反射させていたそのみごとな黒い眼は、いまや苦しみで光を失い、臨終の悲歎と苦悶を反映させるのみ。ある者たちは傷に倒れ、二、三匹の死刑執行者によってただちに遠くの墓場に運び去られる。他のそれほど傷の深くない者たちは、どうにか一隅に避難することはするのだが、そこではすし詰めにされたうえで、冷酷な番兵が彼らを閉じこめてしまう。彼らはそこで惨めに死んでいくのである。出口に行きついて、敵を引ずりながら空中に逃げだしていく者もたくさんいるが、夕方になって飢えと寒さに悩まされると、彼らは群をなして庇護を哀願しに巣箱の入口へ戻ってくる。彼らはそこでまたしても別の峻厳なる番兵にでくわすのだ。翌日、働蜂は最初にでかけるとき、山と積みあげられた無益な大男たちの死骸を出入口から取り除いてしまう。こうしてつぎの春まで、あの、のらくらな連中の思い出は都市から消え去るのである。

III

この虐殺はしばしば、同じ養蜂所の数多くのコロニーで同じ日におこなわれる。もっとも豊かで、もっともうまく統治されているいくつかのコロニーがその合図をするのだ。数日たつと、それほど繁栄していない小さな国がこれにならう。ただ、ひどく貧しくひ弱な一族で、母蜂はもう年老いてほとんど卵も産まないというところでは、国民の待ちかねている、そしてまだ生まれてくる可能性もある処女女王に受精してもらいたいという希望を捨てかねて、冬の初めまで雄蜂を生かしておく。この場合には悲惨な状態は免れがたく、母蜂、居候の雄蜂、働蜂の一族全体がより集まって、ぴったりよりそった飢えた群れとなり、初雪の降る前に巣箱の暗がりでひっそりと死にたえていく。

蜂の数の多い富める都市では、のらくら者たちの死刑執行のあと、ふたたび労働が始められるが、その熱意はだんだんさめていく。というのも花の蜜ももう日増しに見当らなくなっていくからだ。大祝祭も大惨劇も幕を閉じた。無数の生命《いのち》を花飾りのように内包した驚異の物体であり、花と露で生きる、眠りを知らない高貴な怪物ともいえる七月のすばらしい日々の輝かしい巣箱は、すこしずつ眠りに入っていく。その熱い吐息は、数かずの思い出が押しよせるなかで、だんだん緩慢になり弱まっていく。そうする間にも秋の蜜は、必要不可欠な貯えを完全なものにするために栄養分を含んだ壁の中に蓄積されていて、最後のいくつかの貯蔵槽は腐ることのない白い蜜蠟で封印される。——建築の仕事はもうやめ、誕生は減り、死は増え、夜は長くなり、日は短くなっていく、仮借ない雨や風、朝の霧、あっという間にもう来てしまう暗闇の罠、そうしたものが数百という働蜂をつれ去り、彼らは二度と戻ってはこない。そして、アッティカの蟬と同じくらい太陽に飢えているこの小さな国民は皆、自分たちのうえに冬の冷たい脅威が迫っているのを感じているのだ。

人間は収穫のうちの自分の取り分は先取りしてしまっている。立派な巣箱ならひとつにつき八〇から百ポンドの蜜を、最良の巣箱だと、ときとして二百ポンドの蜜を人間に提供する。それは液体と化した光の巨大な広がりや、日に数えきれぬほど幾度もひとつまたひとつと訪れた花々の咲く広大な野原を象徴しているものなのだ。いま、彼は活動の鈍っていくコロニーに最後の一瞥をあたえる。もっとも富めるいくつかのコロニーからは余分な宝を取りあげ、それをこの勤勉な世界ではつねに不当であるといえる不運にいくつか見舞われて、貧しくなってしまったコロニーに分ちあたえてやる。住居を温かく包んでやり、入口は半ば閉じ、不要の木枠は取りはずして、蜜蜂を長い冬眠にゆだねるのである。すると蜜蜂は巣箱の中心に集って躰を縮め、信頼するに足る壺を内包している巣板にぶらさがる。寒い日々のつづく間、そこから夏が養分に変様してでてくることになる。女王は番兵にとりまかれて真中にいる。働蜂の一列目は封印されている巣部屋にかじりつき、二列目が彼らに覆いかぶさりながら一方では三列目に覆い隠され、という具合に連続し、最後の列は外壁の役をする。この外壁の蜜蜂が寒さにやられると感ずると、彼らは塊の中に戻り、他の蜂が順番にかわりをする。ぶらさがった蜂の房は、生暖かい鹿毛色の球体のようで、蜜の壁で分割されており、この房がくっついている巣部屋の貯えがつきるにつれて、気がつかぬくらいすこしずつあがったりさがったり、前へ行ったり後に戻ったりしている。というのも、ふつう考えられているのに反して、蜜蜂の冬の生活は鈍ってはいるものの止まってはいないのだ。[★1] 照り映える炎の、生き残った小さな妹である彼女たちは外の気温の変動に従って活発に動きまわったり静かにしていたりするのだが、その翅を集中的にぶんぶん唸らせることによって、自分たちの球体に春の日中と同じくらいの一定不変の温かさを保つ。この秘密の春はあのすばらしい蜜から出てくるのだ。蜜は一筋の温かさがかつて変様してなったものにすぎず、それがいまやはじめの形に、温かさにかえるのだ。そして球体の中を豊かな血潮のように流れる。蜜の溢れでそうな巣部屋のところにいる蜜蜂はこの蜜を隣の者たちにわたし、彼らもまた順ぐりにわたしていく。こうして蜜は、足から足へ、口から口へと回り、グループの最後の者たちにまで達する。こうしてこのグループは、何千という心の中に散らばりはしているものの、ひとつに結び合された運命とひとつの思考しか持たない。この蜜の兄貴分である、現実のすばらしい春に輝く本物の太陽が、半開きの扉から最初の温かな視線をすべりこませて、そこにスミレやアネモネを蘇らせ、働蜂をやさしく眠りからよび覚まして、青空がふたたび世界のうえのもとの場所に戻ったこと、そして死を生に結び合せる途切れることのない円環がちょうど一回転して息を吹き返したことを彼らに教えてやる日が来るのだが、それまで、この蜜が太陽と花のかわりをつとめるのである。

★1——力の強い巣の蜜蜂は、冬期、すなわち私たちの地方では十月から四月の初めまでのおよそ六カ月間に、普通二、三〇ポンドの蜜を消費する。

7 章

種の進化

蜜蜂は自分たちが集めた蜜を誰が食べるのか知らない。
同様に、私たちが宇宙に導き入れる精神の力を
誰が利用することになるのか、私たちは知らない。

私たちは冬眠で静まりかえっているところで巣箱を閉じたのだが、この書物を閉じる前に、蜜蜂と同じような規律性や驚くべき職業性を身につけていると思われる人たちが、必ずといってよいほど口にする異議に反論をとなえておきたい。

「そう、たしかにこうしたことはすべて不思議ではあるが、昔から変らないことだ」

と彼らはつぶやく。

「もう数千年も彼らは優れた法のもとに生きているが、しかしもう数千年もその法は同じである。もう数千年も彼らはなにひとつつけくわえることも取り除くこともないというあの驚くばかりの巣板を構築している。そこには、化学者の知識と幾何学者、建築家、技師の知識がそれぞれ同じように最善をつくして発揮されているのだが、それでもこの巣板は古代の石棺の中に見出されるものや、石やエジプトのパピルスのうえに描かれているものとまったく同じだ。どんなに小さなことでもよい、進歩を示しているような事実をひとつでも示してみせてもらいたい。なにか改革をしたという些細な事実、大昔から変らぬやり方を変更したという細かな点、それを見せてもらいたい。そうすれば私たちも屈服して、蜜蜂にはただ感嘆すべき本能があるばかりではなく、人間の知性に似ているといってもよい知性がそなわっている、そしてどんなものかはわからないのだがとにかく、意識を持たない屈服しきった物質の運命よりは高等と思える運命を、人間の知性といっしょになって望むことのできる知性がそなわっていると認めようではないか」

こんなふうに話すのは門外漢ばかりではないのだ。キルビーやスペンス級の昆虫学者たちでも同じ論拠をもちいて、驚くべきではあるが変ることのない本能の狭い牢獄の中でかすかにうごめく知性、というもの以外にいかなる知性も蜜蜂に認めようとはしなかった。

「やむをえない状況にたちいたって、蜜蜂が蜜蠟と蜂蠟のかわりに、たとえば粘土か漆喰をつかおうと思いついたような例をたったひとつでも挙げてくれれば、私たちは彼らは推論することができるのだと納得しましょう」

と彼らは言う。

ロメインズが「論争を求める問題」と呼ぶこの議論はまた、「つきることのない議論」とも言えるのだが、これはもっとも危険なもののひとつで、人間に適用すると私たちに重大な結果をもたらすことになろう。よくよく考えてみるとこの議論は「かの素朴な良識」から来ているもので、この良識がしばしばかなりの害毒を流しもし、ガリレオに向かって「回転しているのは地球ではない。なぜなら、私は太陽が空を横切り、朝には昇り、夕には沈むのを見ているのだし、私の両の眼の証言に優るものはないからだ」と言いもするのである。良識とは優れたものでもあるし、私たちの精神の根底には必要なものでもある。ただしそれは高度な見地にたった懸念をもってこれを監視し、必要があればこの良識に、知らぬことがどれほどたくさんあるかを思い知らせてやるという条件においてのみのことだ。そうでなければ良識は、私たちの知性の低級な部分が司る型どおりの仕事にすぎないということになってしまう。だが、蜜蜂自身がキルビーやスペンスの異議に対して答えている。この異議が表明されるや、もうひとりの自然科学者アンドリュウ・ナイトは、ある種の木のいたんだ樹皮に蠟と松脂でできた一種のセメント様のものを塗ったところ、蜜蜂は蜂蠟を集めることをすっかりやめてしまい、もうこの見知らぬ物質しか使用しないということを観察した。見知らぬ物質ではあるものの、たちまち試験されて採用されることになり、しかもこれはすっかり完成された状態で、彼らの住まいの周辺に豊富にあったからである。

それに、養蜂科学、養蜂技術の半分は、蜜蜂の進取の精神を充分に活動させ、その積極的な知性に、経験を積む機会、真の発見、真の発明をする機会をあたえてやることにあるのだ。だから、たとえば花に花粉がほとんどないときには、なみはずれた量の花粉食糧を貪り食う幼虫と蛹の飼育を手助けしてやろうと、養蜂家たちは養蜂所の近くに相当な量の小麦粉をまく。蜜蜂はおそらくは第三紀に出現したのだが、その生まれ故郷の森林やアジアの谷間の中で自然状態に置かれていたときには、そんな類の養分に出くわしたことがなかったのは確かである。にもかかわらず、何匹かを、ばらまいた小麦粉のうえに置いて、小麦粉で「誘致」してやると、彼らはこれを手探りし、味わってみて、葯の粉、すなわち花粉とほとんど同じ品質であることを認め、巣箱に戻ってこのニュースを姉妹たちに報告する。するとたちまちすべての働蜂が、この思いがけない不可解な食糧めざして駈けつけてくる。この食糧は、彼らの先祖伝来の想い出の中では、何世紀にもわたって、彼らが飛来してくるのをえもいわれず官能的にかつ豪奢に迎え入れてくれた花々の萼と切り離しては考えられないものにちがいないのだ。

II

蜜蜂を真面目に研究し、成果のあがる観察の仕方を教えてくれるような重要な基本的真理を発見するようになったのは、やっと百年ほど前のことであり、それはつまり、ユベールの研究以後ということだ。ツィエルツォンとラングストロースの可動巣板、可動木枠のおかげで合理的実用的な養蜂術が創設され、巣箱というものが不可侵の家――というのは、そこでは死が訪れて廃墟となってしまったときでないと人間がうかがい知ることもできない神秘に包まれてすべてが起こっていたからだが――でなくなってからは、やっと五〇年とすこししかたっていない。最後に顕微鏡や昆虫学者の実験室の種々の改良で、働蜂、母蜂、雄蜂の主要器官のこれという謎が暴かれるようになってからは、まだ五〇年もたっていない。私たち人間の科学とてその経験におとらず歴史の浅いものだといっても驚くにはあたるまい。蜜蜂はもう何千年来生きていて、私たちが蜜蜂を観察しているのは五、六〇年である。それなら、たとえ人間が巣箱を開けるようになってから、その中では何ひとつ変らなかったということが証明されたとしても、だからといって、それを調べてみる前にも巣箱では何ひとつ変えられはしなかったと結論してもよいものだろうか。種の進化の過程においては、一世紀などは大河の渦に消えていく一滴の雨のようなものであり、普遍的物質の生命において千年は、一民族の歴史における一年と同じくらいの速さで過ぎゆくということを私たちは知らないとでもいうのだろうか。

III

蜜蜂の習性は何ひとつ変らなかったなどという確証はされていないのだ。偏見を持たず、実際の経験ではっきりしている小さな領域から足を踏みださずに彼らの習性を調べてみれば、逆にかなり顕著な変化をいくつか見出すことになるだろう。だが、私たち人間の観察からは洩れてしまうような変化については、いったい誰が言ってくれるのだろうか。私たちのおよそ一五〇倍の身長とほとんど七〇万倍の重さ(これは私たちの身長、体重をちっぽけな蜜蜂のそれと比べたときの比である)を持ち、私たちの言葉を理解せず、私たちとはまったく異る感覚をそなえた観察者がいるとしたら、彼は今世紀のうしろ三分の二の年月のあいだに大変興味深い物質的変化がいろいろ起こったということは理解するだろうが、人間の精神的、社会的、宗教的、政治的、経済的進化に関しては、いったいどうやって想像することができようか。

もうすこししたら、私たちのあつかっている飼育蜜蜂は、おそらくは彼らの祖先も含まれるし、あらゆる野生の蜜蜂をも含む、大きなミツバチ上科（*Apiens*）と関連づけて考えるのが、もっとも真実性のある科学的仮説ということになるだろう。★1 そうなると、人類の進化が経てきたよりももっと珍らしい、生理的、社会的、経済的、産業的、建築術的変化に立ち会うことになるだろう。だが、さしあたりは、いわゆる飼育蜜蜂のみに話をしぼっておこう。これには充分に識別できるもので約一六種ある。しかし、いちばん大きなオオミツバチ（*Apis dorsata*）であろうと、知られるかぎりもっとも小さなヒメミツバチ（*Apis florea*）であろうと、まったく同じ昆虫であって、ただ、気候や適応せざるをえなかった事情のせいで、多少異っているだけである。これらの種はどれもイギリス人がスペイン人と異り、日本人がヨーロッパの人間と異るのとたいしてちがわぬ程度に互いに異っている。基本的な考察はこのくらいにしておき、ここには私たち自身の眼で、いまこのときにも見られるもの、それがどんなに真実らしくてもやむをえないものでも、仮説と名のつくものの助けはいっさい借りずに見ることのできるもの、それのみを記すことにしよう。援用しうる事実をことごとく吟味するのはやめよう。簡潔に列挙すれば、もっとも有効な例がいくつかあれば、それで充分であろう。

まず、もっとも重要でもっとも根本的な改良、それは人間の場合ならさしずめ巨大な土木工事ということになるのだろうが、共同体の対外防衛という点である。

蜜蜂は私たちとはちがって、空が蔽われていない、風や雷雨の気まぐれにさらされた都会に棲んでいるのではない。保護する被いにすっぽりと包まれた都市に棲んでいる。だが、自然状態で、しかも理想的な気候のもとでは事情はまた別である。もし彼らが本能の奥底にしか耳を傾けないとしたら、巣板を露天に作ることだろう。インドではオオミツバチは空洞のある木や岩のへこみをそれほど熱心には探し求めない。群れは枝分かれしている腋の下に当る部分にぶらさがる。そして巣板はのびて、女王は卵を産み、貯えは蓄積されるのだが、働蜂の躰そのもの以外に援護《えんご》するものは何もない。北方の蜜蜂があまりに気持のよい夏にだまされて、この本能に立ち戻ったところもときおり観察されていて、そういうときには群れが外の茂みの中で生きているのが発見されたりする。★2

しかしインドにおいても、この先天的と思われる習性は痛ましい結果をまねく。蜜蠟をこね、蜂児房を建設する働蜂のまわりに必要な暖かさを維持することのみに従事している働蜂は、この習性が出てくるとその大部分が働かなくなってしまい、その結果、枝にぶらさがったオオミツバチは、巣板をたったひとつしか作らないということになる。そのかわり、ほんのちょっとした被いでもあれば、オオミツバチは四つ、五つ、あるいはそれ以上の巣板を作り、またそれだけコロニーの住民の数も繁栄も、増大することになる。だから、寒い地方や温帯に生きる蜜蜂はどの種属も、この原始的なやり方をほとんど完全に放棄してしまった。蜂の数ももっとも多く、守備も完璧であるような一族にしかヨーロッパの冬を越せないようになっている事実を見ても、この昆虫の聡明な発意というものが自然淘汰のなされる過程で承認されたのは明らかである。以前は本能に反する着想だったものが、すこしずつ本能的な習慣になってきたのだ。とはいうものの、こうして、大好きな自然のひろびろとした光をあきらめて、切株や洞穴のうす暗いくぼみに居を定めるということは、はじめは、おそらくは観察、経験、推理を積んだうえでの大胆な着想であったろうというのもやはり真実である。この着想は人類にとっての火の発明と同じくらい、飼育蜜蜂の運命にとって重要であったといっても過言ではあるまい。

V

この大きな進歩は、ずっと昔のことであり先祖伝来のものでありながら、それでも今日的な問題であり続けているのだが、この進歩の後にも、巣箱の産業や政治ですらも堅固な公式になって固定されてしまっているのではないということを示すような、実にさまざまなたくさんの細々とした事実が発見されている。花粉を小麦粉で、蜂蠟を人工セメントで、という利口な代用については先ほど述べた。入れられた住まいがしばしば面くらうようなものであっても、それをどんなに器用に自分たちの要求に合うように変えることができるかも見てきた。また、人間が彼らにあたえてみようと工夫した型押しした蠟の巣板を即座に、しかもどんなに巧みに利用したかも見た。この場合、奇蹟的に好都合ではあるが、まだ不完全、という珍らしいものを巧みに活用する点は、まったく並はずれている。彼らは本当に人間の意図を、示唆されただけで理解したのである。ここ数世紀来、人間が町を建設するのに石や石灰や煉瓦を使うのでなく、人間の身体の特別な器官から懸命に分泌する、展延性の物質で建ててきたと想像していただきたい。ある日、全能の存在が私たちを信じがたいような都市のまん中に置く。その都市が私たちの分泌するのとよく似た物質でできていることはわかるが、その他の点に関しては、これはもう夢である。その夢の持っている論理ですらゆがめられ、要約、濃縮されたような論理で、支離滅裂なものに出くわしたときよりさらに私たちを途方にくれさせる類のものである。私たちの作るごくふつうの設計プランがそこにも認められるし、すべては期待に沿っているのだが、ただし、可能態としてあるにすぎず、いわば潜在するある力によって押しつぶされ、設計プランも草案のままに留められ、花咲いて実現するのを妨げられているといった具合なのだ。三、四メートルの高さがあるはずの家々は、両手で覆えるくらいにほんの少しふくらんでいるだけだ。何千もの壁は一本の線で指示されているのだが、この線には、同時に壁の輪郭も建てる時の建材も含まれているのだ。他にも修正を要する不ぞろいなところや、埋めて全体と調和よくつぎ合せなければならない割れ目、ぐらぐら揺れるので支えをしなければならないかなり広い表面部分、とかがいくつもある。この作品は望外のもうけ物ではあるものの、粗野で危険なのだ。これは私たちのおおかたの要求は見ぬいているような最高級の知能が考えついたものだが、まさにそのなみはずれた大きさに妨げられて、それらの要求をごくごく粗雑にしか実現することができなかったのである。であれば、こうしたことをすべて看破し、かの超自然的贈与者のほんのわずかな意図をも利用し、ふつうなら数年かかるものを数日で建設し、体質的な習慣は捨て、労働方法を完全に変えてしまうことが問題なのだ。人間だったらつぎつぎに生ずる問題を解決するために、そしてすばらしい庇護者がこうしてさしのべてくれる援助を何ひとつ失わぬようにするために、いくら注意してもし足りないことだろう。そして、蜜蜂が近代的な巣箱の中でしていることはほぼこれに近いのである。★3

VI

先にも言ったように、蜜蜂の政治ですら、おそらくは不変というわけではない。これは大変曖昧で、証明がもっともむずかしい点である。彼らの女王に対するさまざまなあつかい方や、それぞれの巣箱に固有で、世代から世代へと受け継がれていくらしい分封の法則などについては、もうこれ以上述べないでおこう。だが、このようにあまり一定していない事実のほかに、いつも同じ一定した事実もいくつもあり、それがあらゆる種類の飼育蜜蜂が必ずしも同じレベルの政治的センスに到達しているわけではないことを示している。こうした事実は民衆の精神がまだ暗中模索し、おそらくは女王に関する問題に別の解決法を探しているような巣に見られる。たとえば、シリアの蜜蜂はふつう一二〇匹、あるいはしばしばそれ以上の女王を育てる。私たちの国のセイヨウミツバチは、多くても一〇匹か一二匹しか育てないのに。チェシャーは、どこといって異常なところのないシリアのある巣箱のことを書いているが、ここには二一匹の死んだ女王と、九〇匹の生きている自由な女王が見られたのである。これはひじょうに奇妙な社会的進化の出発点、あるいは到達点であり、徹底的に調べたら興味深いにちがいない。女王の育成という点から見ると、キプロス島の蜜蜂はシリアの蜜蜂によく似ていることをつけ加えておこう。これは、まだ不確かではあるが君主政治の後の寡頭政治への復帰、唯一母性信仰の後の多数母性信仰への復帰なのだろうか。いずれにせよエジプトやイタリアの蜜蜂と大変近い親戚関係にあるシリアとキプロスの蜜蜂は、おそらく人間が飼い馴らした最初の蜜蜂であろう。最後にもうひとつの観察結果を見れば、ある群れの習性や用心深い機構が、さまざまな時代や気候をとおして機械的に踏襲されてきた原始的衝動の結果ではなくて、この小さな社会を導いている精神は、新たな状況を認識し、まるでかつてこうむった危険なら防ぐ手だてはわかっているかのように、それに順応し、それを利用する術を心得ているのだということがさらにはっきりする。この国の黒蜜蜂は、オーストラリアかカリフォルニアに移されると、完全にその習慣を変えてしまうのだ。いつでも夏で、花がなくなるようなことはけっしてないと確認してしまうと、二、三年目から黒蜜蜂はその日暮しをはじめ、日々の消費に必要なだけの蜜と花粉を集めると満足してしまう。そして最近の根拠ある観察結果の方が先祖伝来の経験に勝ち、彼らはもう冬のための貯えをしなくなる。★4 彼らの労働の成果をつぎつぎに取りあげでもしなければ、その活動を維持させることすらおぼつかないのである。

VII

以上は、私たち自身の眼で確かめられることである。こうしたことの中には、人間の知能と未来を除いては、いっさいの知能はもう動かないもので、未来はすべて変えられないものと信じている人たちの意見を動揺させるのに都合のよい核心に触れる事実がいくつかあるということは認めてもらえるだろう。

しかし、もし私たちが一瞬でも生物変移説の仮定を受け入れるなら、眼にする光景は広がり、その怪しげで雄大な光はやがて私たち自身の運命にまでおよぶことになる。自明というわけではないのだが、注意深くこの問題を観察する人にとっては、認めざるをえないことがある。それは自然の中には、物質の一部分をさらに緻密でおそらくはよりよい状態に高め、その表面にすこしずつ、はじめは生命と呼ばれ、つぎには本能、そのすぐ後には知性と呼ばれる、神秘にみちた不可思議な力を浸みこませようとする意志、未知の目的のために自らを駆りたてているものすべての存在を保証し、組織し、容易にしようとしている意志が存在するということだ。さだかではないが、私たちのまわりのたくさんの例を見ると、もし原初以来こうして自己を高めて来た物質の量を算定することができるのなら、それが今も殖え続けているということがわかるだろうにと推測してみたくなる。くりかえして言うが、この説は頼りないものではある。だが私たちを導く隠れた力に関して立てることのできた唯一の説なのだ。そしてもうそれだけでたいしたことだ。生を信頼することが私たちの第一の務めであるような世界では、たとえそこに勇気づけてくれるような光明は何ひとつ見出せなくても、反対の確証が出てこないかぎりは、もうそれだけで充分なのだ。

生物変移説に対して加えうる反論はすべて承知しているつもりだ。この説には数多くの証拠と大変有力な論拠があるが、それも厳密に言えば確実性はない。自分の生きている時代の真理を自分なりの考えを持たずにすっかり信じこんでしまったりしてはならない。おそらくは百年もたてば、変移説が滲みこんだ現在の本の多くの章が、それがために古くさく思われることだろう。それはちょうど、完璧すぎて実際には存在しないような人間に満ちている前世紀のさまざまな哲学者たちの著作や、うんざりするほどの虚栄心と嘘で歪められ、カトリックの伝統からくる気むずかしくつまらない神という観念で、矮小なものになってしまっている一七世紀の多くの作品が、今日古くさく思えるのと同じである。

にもかかわらず、ある物事の真理を知ることができないときには、私たちが偶然に生まれあわせた時代において、理性に有無をいわせず迫ってくるような仮説を受け入れるのは正しいことなのだ。その仮説がまちがったものであることはほぼ確かではあるが、それを真実と信ずるかぎりそれは役に立つものだし、調査研究をある新しい方向におし進めてくれる。ちょっと見たところでは、これらのよくできた仮定はやめて、かわりにもっと深い真理、すなわち私たちは知らないのだということを率直に言う方が賢明と思われるかもしれない。しかし、この真理はけっして知ることはないだろうということが証明される場合にしか、有益なものとはなりえないだろう。そしてさしあたりは、この真理のせいで私たちは研究などやめてしまうだろうし、そうなると、このうえもなく不都合な仮説よりもさらに憂うべき事態になる。より遠くへ、より高くへと私たちを駆り立ててくれるものといえば、私たちの犯す誤りがやってのける跳躍にまさるものはなにもない——そういう具合に私たちはできているのだ。結局のところ、私たちの学び知ったわずかばかりのこと、それはつねに大胆で、ときには非常識で、大部分はいまのもののように用意周到ではない数かずの仮定のおかげで得たものである。こうした仮定はおそらくは向こう見ずなものではあったろうが、探究心の熱意を支えてきてくれたのだ。

人類の旅籠屋《はたごや》の煖炉を預る者が盲いていようがひどく年老いていようが、寒さにふるえて煖炉のそばに坐りにやってくる旅人にとってはそんなことはどうでもよいではないか。彼が見守っているおかげで火が消えずにすんだのなら、彼は最適の人間がなしうると同じことをしたのだ。この熱意を、そのままではなくもっと大きくして、ひろめ伝えようではないか。そしてこれをさらに強いものにするには、地上に、地の胎内に、海の奥底に、そして天の広がりに存在するすべてのものを、いまよりなお厳格な方法となお確固たる情熱をもって調べずにはいられないようにさせる、この生物変移説の仮定をおいて他にないのである。これに対抗させうるようなものがなにかあるだろうか。そして、もしこの仮説を放棄するとしたら、それにかわるべきものがあるのだろうか。学者ぶった高級な無知というものは、分をわきまえているとはいうものの、ふつうは何もせず、人間にとっては知恵そのものより必要な好奇心をくじけさせてしまうものだが、その無知を重々しく申し立てることによって、これにかえるのか。あるいはまた、私たちの仮定よりさらに証明されていない、種は不変で創造は神の手になるものとする仮定、問題のいきいきとした部分を永久に遠ざけ、説明しがたいところは、それを調べることをみずからに禁ずることによって厄介ばらいしてしまうあの仮定をとろうというのか。

VIII

今朝、ときは四月、緑のみごとな露のしたに蘇える庭の中で、ニワナズナとも軍配ナズナとも呼ばれる白ナズナに縁どられ、バラと揺れるサクラソウの花壇の前で、私たちのなすがままになってしまっている飼育蜜蜂の祖先である野生の蜜蜂を私はふたたび眼にした。そしてゼーラント（オランダの州）の昔からの蜂愛好家がいろいろ教えてくれたことを思い出した。一度ならず彼は私をその色とりどりの花壇のあいだを通って連れ歩いた。花壇は、凡俗ながらつきることなく歌い続けたオランダの優しい詩人、カッツ老の時代のように設計され、保たれていた。西洋サンザシや、球形、ピラミッド形、紡錘形などに刈込まれた果樹のしたに、花壇は、バラ形模様、星形、花づな模様、雫形、噴水の水煙の形などになってひろがり、花が道に侵入していかないよう、牧羊犬のように警戒おこたりないツゲの木が花壇を縁どっていた。私はそこで独立して生きるさまざまな採集蜂の名前と習性を学んだ。ふつうの蝿か、有害なスズメバチか、あるいはまぬけな鞘翅類かと思ってしまうので、私たちはこうした蜂をけっして注意して見つめたりしないものだ。それでも、彼らのうちのどれをとっても、昆虫であるという特徴を示す二対の翅のしたに生活の設計や武器を持ち、それぞれに異る、そしてたいていはすばらしい運命を思い描いている。まずは、私たちの飼育蜜蜂にもっとも近い親戚である、毛に蔽われたずんぐりむっくりしたマルハナバチがいる。これはときとして小さいこともあるが、ほとんどが大きくて、原始人のように、形をなさないマント様のものに蔽われ、これには銅や辰砂のたががいくつかはまっているような模様がある。彼らはまだなかば野蛮人で、萼に暴行をくわえ、さからえばこれを引き裂き、洞穴熊がビザンチンの姫君の絹と真珠とだけでできたテントの中に入りこんでいくように、花冠の繻子のようなヴェールのしたに侵入していく。

彼らの中のいちばん大きなものよりさらに大きい、闇をまとった怪物がわきをかすめる。彼は緑と紫のくすんだ火に燃えている。蜜を作る蜂の世界の巨人で木を嚙るクマバチ（*Xylocope*）だ。大きさからいうと、つぎに陰気なカベヌリハナバチ（*Chalicodomes*）が来る。これは石工蜂とも呼ばれ、黒いラシャをまとい、粘土と砂利で石と同じくらい堅固な住まいを建設する。つぎからはもうごちゃごちゃに飛び交うことになるが、スズメバチに似ているケアシハナバチとコハナバチ。自分の選んだ犠牲者の外観をすっかり変えてしまうネジレバネ（*Stylops*）という不思議な寄生虫の犠牲にたおれるヒメハナバチ（*Andrénes*）、大変小さくて、いつも花粉の重さに悩まされているヒメハナバチモドキ（*Panurgues*）、数多くの特別な産業を有するさまざまな種類のツツハナバチ。そのうちのひとつ、ケシツツハナバチ（*Osmia papaveris*）は、花から必要なパンと葡萄酒を求めるだけでは満足せず、罌粟やヒナゲシの花冠からじかに緋色の大きな切れはしを切り取り、それを使って娘たちの宮殿を豪華に飾りつける。また他の蜜蜂では、トゲハキリバチ（*Mégachile centunculaire*）といって蜜蜂の仲間では最小で、電気仕掛の四枚の翅にのって舞う塵のようなのがいるが、これはバラの葉からパンチで切りとったと思えるほど完全な半円形を切り取る。そしてそれをたわめたり調整したりして、一連のほれぼれするほど規則的な小さな指貫からなる容器をつくり、そのひとつひとつが幼虫の巣部屋となる。愛に飢えながら受動的で、上空の客たちがもたらす愛のことづてを待ちこがれているつながれたフィアンセである花々のうえを、すべての感覚を駆使して動きまわる、蜜に飢えたこれら一群のそれぞれに異る習性や才能を列挙するには一冊の本をつかっても足りないくらいであろう。

IX

野生の蜜蜂はおよそ四千五百種類が知られている。当然私たちはこれらすべてを調査するわけにはいかない。おそらくはいつの日か、これまでに誰もしなかった、そしてひとりの人間が一生かかってもできないような徹底的な調査、観察、実験によって、蜜蜂の進化の歴史に決定的な光があてられることになろう。私の知るかぎりでは、そうした歴史はまだ体系的には企てられていないようだ。だがこれは望まれてしかるべきことである。というのは、この歴史は人類の数多くの歴史の諸問題と同じように重要な問題にひとつならずふれることになると思われるからだ。私たちはといえば、ヴェールで覆われた仮定の領域に入っていくのだから、なにかを主張しようとしたりせず、膜翅類の中の一族がより知的な存在へ、すこしでも安楽で安全な生活へと進んで行く行程をたどるだけで満足しよう。そして、数千年かかったこの進歩の過程のうち、とくに目立つ点を簡単に指摘していこう。問題としている族は、もうすでに御承知のようにミツバチ上科[★5]であり、その基本的な特徴はきちんと決められ、はっきりしているので、これの構成員はすべて同じひとつの祖先から出ていると考えてよさそうである。

ダーウィンの流れをくむ人たちの中でも、ことにヘルマン・ミュラーは、世界中に分布する、ハラツヤハナバチと呼ばれる小さな野生の蜜蜂を、今日私たちが知っているすべての蜜蜂の祖先ともいえる原始的蜜蜂を現在において具現しているものと考えた。

不幸せなハラツヤハナバチと私たちの巣箱の住人との間は、ちょうど、穴居人と現代の大都会に住む幸せな人間との間の関係とほぼひとしい。おそらくは注意もはらわず、いまある花や果物の大部分を救ったらしい尊敬すべき祖先を眼の前にしているのだ、などとは思ってもみずに、あなた方は、蜜蜂が庭の見捨てられた片隅で茂みのまわりを忙しく飛びまわっているのを幾度か見たことがあるだろう。――――(救ったらしいというのは、もし蜜蜂が訪れなかったら、十万種を超える植物が消滅していただろうと実際に考えられるからで)人間の文明をも救ったのかもしれない。こうした不可思議なことの中では、すべてがつながりを持っているのだから。蜜蜂は可愛くて活発だ。フランスにもっとも多いのは、黒地に白い斑点が優雅についている。しかしこの優雅な姿の蔭には信じがたい貧しさが隠されている。食うや食わずの生活を送っているのだ。他の仲間たちが皆暖かで豪華な毛皮を着ているのに、彼女ばかりはほとんど裸に近い。そして労働の道具もなにも持っていない。ミツバチ科のような、花粉を収穫するための花粉槽も持たず、そのかわりに、ヒメハナバチの腰の毛、あるいはハキリバチの類（*Gastrilégides*）の腹の刷毛を持っているわけでもない。その小さな爪を使って萼から花粉を苦労して集め、呑みこんで隠家に持ち帰る。舌、口、脚以外に道具はないのに、その舌は短すぎ、脚はひよわで、顎には力がない。蜜蠟をつくり出すことも、木に穴をあけることも、地面を掘ることもできないので、彼女は乾いた木苺のやわらかな髄の中に不細工な回廊をこしらえ、そこに巣部屋をいくつか大ざっぱに組立てて、けっして見ることのない子供たち用にわずかばかりの食物を準備しておく。彼女自身も、ましてや私たちも知らない目的のためにこのささやかな仕事を終えてしまうと、彼女は生きてきたのと同じようにこの世界の片隅で、たったひとりぼっちで死んでいくのだ。

X

進化の中間過程にある実にたくさんの蜜蜂の種を見れば、舌がより多くの花冠のくぼみから花蜜を吸えるようにと少しずつのびていくところ、花粉を集める道具である体毛、冠毛、脛や足くびや腹の刷毛などがでてきてだんだん立派になっていくところ、脚や顎が強くなり、有用な分泌作用も働くようになり、住居の建設を司る才能があらゆる意味において驚くべき改良に努め、実際にそれを果していくところなどを確かめることもできようが、そうした中間過程にはふれないでおこう。こうした研究には本が一冊必要であろうから。ここではその一章だけを、いや、一章までもいかぬ一頁だけを大ざっぱに要約して、生きようとする意志、より幸福になろうとする意志のさまざまなためらいがちの試みをとおして、社会的な知性が生まれ、育ち、確立されていくところを示したい。

あの不幸せなハラツヤハナバチが、おそろしい力に満ち満ちたこの広大な世界の中で、黙って自分の小さな孤独な運命に耐えて、飛びまわることはもうすでにのべた。これの仲間の多くは、もっとよい道具をそなえ、もっと器用な種属になるのだが、たとえば立派ななりをしたミツバチモドキや、バラの葉のすばらしい裁断師であるトゲハキリバチは、同じように深い孤独の中で生きている。もし万一何者かが彼らに惚れこんで、同じ住まいに棲むようなったとしたら、それは敵か、あるいはたいていの場合寄生体である。というのは、蜜蜂の世界には人間の世界よりはるかに奇怪な幽霊がうようよしていて、多くの種類には働きもしない謎めいた一種の「影《ドウブル》」がいるのだ。これは自分が選ぶ犠牲者とそっくりで、ただちがうのは太古以来の怠け癖のためにひとつ、またひとつと、その労働用の器官をすべて失ってしまい、勤勉タイプの方の種属の犠牲においてしか生きていくことができないという点である。★6

それでも、群生しないミツバチ科という、いささか断定的にすぎる名で呼ばれる蜜蜂の間にも、原始的な生命というものを抑えつけてしまう物質的重圧のもとに消えなんとする炎のように、すでに社会的本能がくすぶっている。あちこちと、思いもかけぬ方向に、まるで自分を圧迫している薪の山を偵察するためとでもいうように、おずおずとした、ときには奇妙な閃光を放ちながら、この本能は、いつの日にかは自分の勝利の糧ともなるべき、その薪の山を突きぬけるにいたるのだ。

この世界ではすべてが物質だとしても、ここでは物質のもっとも非物質的な動きに立会うことができる。それは利己的で不安定で不完全な生活から、友愛的で、すこしは安定した、すこしは快適な生活への移行である。肉体によって実際に分離しているものを精神によって理想的に結び合せることであり、個体が種のために自己を犠牲にしうるようになることであり、眼に見える事物にかえて見えぬものをたてることである。自分たちは特権的立場にいて、そこからは本能がいたるところで意識の中へ放射していくのだと思っている私たち人間でさえまだ解決していないことを蜜蜂が最初から実現しないからといって、それが驚くようなことだろうか。この地上に生まれでるすべてのものを包んでいる暗闇の中で、新しい理念がまずはじめに手探りしているのを見るのは興味深くもあり、感動的でもある。この理念は物質から生じ、まだまったく物質的である。それは、寒さ、飢え、怖れといったものが、まだ形を持たぬあるひとつのものに変形されたにすぎない。そして、数かずのおそろしい危険や長い夜、冬の接近、死とも思える不思議な眠り――これらのまわりをあてもなく這いまわっているのだ。

XI

前に見たように、クマバチは乾いた木の中に孔をうがって巣をつくるたくましい蜂である。この蜂はつねに一匹で生きている。にもかかわらず、夏の終り頃、特別な種類のクマバチ（*Xylocopa cyanescens*）は、冬をいっしょにすごすために何匹かがシャグマユリの茎の中に寒そうにかたまっているのが見られることもある。こうしたおそまきの友愛もクマバチの場合は例外的だが、彼らのもっとも近い親戚のツヤハナバチではこの習慣がもう不変のものになっている。ここにこそ理念が現れはじめているのだ。それはたちまち立ちどまってしまうのだが、これまでは、クマバチにおいても、この愛という漠然とした最初の一線を超えることができなかったのだ。

他のミツバチ上科では、自己の発露を探し求める理念は他の形をとる。蜜蜂の石工でもある納屋のカベヌリハナバチや、巣を掘るケアシハナバチやコハナバチは巣を造るために、たくさんの群れをなして集まる。しかしこれは、一匹で生きるものたちから成る偽りの集団である。相互理解もないし、共同作業もない。銘々が群れの中にあってもまったく孤立していて、隣のもののことなど意にも介さずに自分のためにのみ住居を築く。M・J・ペレは次のように言っている。

「これは同じ趣味、同じ傾向のために同じ場所に集まって来た個体の単なる集合にすぎず、そこでは、〈各自は自分のために〉という格言が文字どおりに実行されている。結局、ただその数と活発さが巣箱の群れを思わせるというだけの働き者たちの雑踏なのだ。だからこのような集まりは、同じ場所に棲む個体の数が多いために起きる単なる結果なのである」

けれども、ケアシハナバチのいとこにあたるヒメハナバチでは、突然細い一条の光がさしこんで、偶然の集団における新しい感情の誕生を照らし出す。彼らも前の蜂たちと同じように集まり、自分のために地下の部屋を掘る。しかし入口、つまり地表から個々の穴へ通ずる通路は共通なのだ。M・ペレに言わせるとつぎのようになる。

「かくして、各巣部屋の仕事に関しては、各自がまったく孤立しているかのように振舞うのだが、全員が入口の通路を利用している。この点においては全員が、ただ一匹の仕事を利用し、それによって、各自が私用の通路を作る時間と労力とをはぶいている。この予備的な仕事そのものが共同でおこなわれないのかどうか、数匹の働蜂が順番に交代でこれに参加したりはしないのかどうか。それをつきとめるのが望ましいと言えよう」

なにはともあれ、友愛の理念がふたつの世界を分けていた壁を突き破ったのだ。調子が狂って見分けにくくなってはいるものの、とにかく友愛の理念を本能から引き出しているのは、もはや冬でも、飢えでも、死の恐怖でもない。この理念を示唆しているのは活動的な生なのである。だがまたしてもこの理念は、はたと立ち止まる。これ以上この方向に発展するにはいたらないのだ。それでもかまいはしない、くじけずに他の道を試してみる。そしていまやこの理念はマルハナバチのあいだに入りこみ、そこで熟し、前とはちがった雰囲気の中で形ができて、最初の決定的な奇蹟をいくつかもたらすのである。

XII

この大きな、軟毛に覆われた蜜蜂、よく響く音をたて、おそろし気ではあるが平和を好み、私たちが皆よく知っているマルハナバチは、はじめは一匹で生きる。三月の初頭から、冬を越した受精している雌蜂は、自分の属する種によって、地下や茂みの中に巣を作りはじめる。眼覚めた春の中にあって、彼女はまったく孤独である。彼女は選んだ場所から邪魔な物を取り除き、穴を掘り、つづれ織をしきつめる。つぎに大変不揃いな蠟の巣部屋を作り、そこに蜜と花粉を入れ、卵を産んでこれを孵《かえ》し、生まれ出てくる幼虫の世話をし、養う。やがて彼女は娘たちの一群に取巻かれるようになり、娘たちは巣の内外の仕事の手助けをし、今度はそのうちの何匹かが卵を産みはじめる。巣の中はだんだん安楽になり、巣部屋の建設は進歩し、コロニーは大きくなる。建設者の雌蜂は、依然としてこのコロニーの中枢であり、主たる母であり、一王国の長たる立場にある。そしてこの王国はかなり粗雑ながら、私たちの飼育蜜蜂の王国の草案のようなものである。繁栄といってもここではつねにかぎられたものだし、法も明確ではなく、きちんと守られてもいない。ときおり原始的な共喰いや幼虫殺しがふたたび現れ、建築様式は一定しないのに贅沢になる。だが、ふたつの都市のちがいの最たるものは、一方が永久的であるのに対して、他方が一時的であることだ。実際、マルハナバチの都市は秋にはすっかり滅びはて、その三、四百の住民は彼らが存在したという痕跡すら残さずに死に絶え、今までの努力はすべて散り散りになる。そしてたった一匹の雌蜂だけが生き残り、つぎの春に、その母と同じ孤独、同じ窮乏の中で、同じ無益な仕事にとりかかるのだ。それにもかかわらず、この場合には理念が己の力を自覚したのである。——マルハナバチでは理念がそれ以上のものになっていくところは見られないが、この理念はただちに、そのならわしどおりに一種の倦むことのない輪廻によって、他のグループの中に自己を具現しようとする。それは、まだいましがたの勝利に喜びふるえながら、全能でほとんど完全無欠という状態にあるのだ。他のグループとは、種属の中でも最後から二番目、種属全体の王者とも言える飼育蜜蜂のひとつ前のグループで、つまりハリナシバチの類と熱帯のハリナシミツバチ属とを含むオオハリナシバチ（*Mélipomites*）のことである。

ここではすべてが私たちの巣箱と同じように組織されている。おそらくは一匹だけの母蜂[★7]と子を産まぬ働蜂、それに雄蜂がいる。いくつかの細かな点では、こちらの方がよくできているともいえる。たとえば雄蜂は、完全に無為にすごすわけではなく、蜜蠟を分泌する。都市の入口はさらに念入りに守られていて、寒い夜には一枚の扉が入口を閉ざし、暑い夜にはカーテンのようなものが空気をとおすようになっている。

だが、われらの蜜蜂と比べれば、その社会は弱く、一般的生活は安定をかき、繁栄もかぎられたもので、どこであれ、蜜蜂を住まわせれば、オオハリナシバチの方は蜜蜂の前から姿を消す傾向がある。友愛の理念は両種族の中に同じようにみごとに発揮されているのだが、ある点に関しては別である。ことこの点に関しては、理念は、ふたつのうちの一方、オオハリナシバチの場合にのみ、マルハナバチの小さな家族においてもなしとげていたような段階を一歩も超えることができなかったのだ。この点とは、共同の仕事を機械的に組織すること、労力を的確に節約すること、ひとことで言ってしまえば都市の建築で、これは明らかに劣っているのだ。それに関しては、この本の第三章で私が書いたことを思い出していただければ充分なのだが、つぎの点をつけ加えておこう。ミツバチ属の巣箱では、すべての巣部屋は一様に、卵を育てるにも食糧を貯えるにも適していて、都市そのものと同じだけ持ちこたえるのだが、オオハリナシバチでは、巣部屋はたったひとつの目的にしか役立たない。だから、蛹のためのゆりかごとして使われていた巣部屋は、この蛹が成虫になるやとりこわされてしまう。

したがって、友愛の理念がもっとも完全な形をとって現れてくるのは、われらの飼育蜜蜂においてなのであり、これをもって、この理念の活動を、不完全にではあるが手早くひとわたり見たことになる。こうした活動は各種族で決定的に固定化してしまっていて、それらを結びつける線というものは私たちの頭の中にしか存在しないのだろうか。こうした、まだよく調査されていない領域になにか統一的理論を打ちたてようとしたりするのはやめよう。一時的な仮の結論で満足しよう。そしてもしそうしたいなら、むしろもっとも多くの期待をになっている結論の方を取ろう。というのは、もしどうしても選ばなければならないのなら、もっとも望まれている結論がもっとも確実な結論なのだと、なにかのひらめきのようなものがすでに私たちに教えているからだ。さらに、私たちは深く深く無知であるということをもう一度確認しよう。そして眼を開くことを学ぶのだ。なしうるはずの数知れぬ実験がいまだに試みられていない。たとえばハラツヤハナバチをつかまえて、似かよった蜂と強制的にいっしょに住まわせたら、彼女たちは最後には絶対的な孤独という鉄の敷居を飛越して、ケアシハナバチのように寄り集まるのを歓びとし、ヒメハナバチがするような友愛への努力をするようになりうるだろうか。つぎにヒメハナバチの方も、異常な状況に無理やりに置かれたら、共通の通路作りをやめて共通の部屋作りへと移行するだろうか。マルハナバチの母たちは、いっしょに冬籠りさせられ、捕虜の状態で育てられ食物をあたえられたら、互いに理解しあい、仕事を分担するようになるだろうか。そしてオオハリナシバチには、型押しをした蠟の巣板をあたえてみたことがあるだろうか。その奇妙な蜜壺にかえるようにと人工の壺をあたえてみたことがあるだろうか。そんなものをいったい受入れるだろうか。それを利用するとして、自分たちの習慣をどんなふうにこの異様な建造物に順応させるのだろうか。これらは、大変小さな生き物に向けた質問ではあるが、それでも私たち人間の、いくつかの最大級の秘密の重要な手掛りを含んでいる。私たちはこれに答えることはできない。なぜなら私たちが実験を始めてからまだ日が浅いからだ。レオミュールから数えても、あるいくつかの野生の蜜蜂の習性を観察するようになってから、およそ一世紀半だ。レオミュールも野生の蜜蜂のうちいくつかしか知らなかったし、私たちも他のいくつかを研究してきた。しかし何百、いやおそらくは何千という種類は、今日にいたるまで、無知の、あるいは急ぎの旅人たちが調べてみたにすぎない。『メモワール』の著者(レオミュール)の数かずのすばらしい研究以来私たちの知るようになった蜜蜂たちは、その習慣をなにひとつ変えていないし、一七三〇年頃、シャラントンの庭で金の粉にまみれ、太陽の陽気なつぶやきのような羽音をたて、蜜を腹いっぱいつめこんでいたマルハナバチは、四月がめぐってきたら、明日にでも、そこからすぐ近くのヴァンセンヌの森でぶんぶん唸りはじめるはずのマルハナバチとそっくりだ。しかし、レオミュールから現代までといえば、私たちの調べているのは時のまばたきにすぎず、何人かの人間の一生を端と端をあわせて継ぎ足しても、自然の思考の歴史の中では、たったの一秒にすぎないのである。

XIV

これまで眼で追って来た友愛の理念というものが、われらが飼育蜜蜂においてその最高度の形態をとったにしても、この巣箱ではすべてが非の打ちどころがないというわけではないのだ。六角形の巣部屋という傑作は、いかなる点から見ても絶対的な完璧さに達していて、天才をすべて集めてもなんら改良すべき点は見つけられないだろう。いかなる生き物も、人間でさえも、自分の行動圏の中心に蜜蜂が実現したようなものを創り出しはしなかった。だからもし、この地上のものではない知性体が、生活の論理をもっとも完全に具現している物体を地上に探し求めにやって来るなら、この何でもない巣板を見せてやるのがよいだろう。

ただし、すべてがこの傑作と同等というわけではない。もうすでに機会あるごとに、あるいは明白な、あるいは不可解な欠陥なり誤りなりに注目して来た。たとえば、あまりに数も多いうえに無為徒食で財政をおびやかす雄蜂、処女生殖、結婚飛翔のさまざまな危険、過度の分封、憐憫の情の欠如、個体が社会のためにおこなう、ほとんど異常とも言えるほどの犠牲、といったものである。さらにつけ加えるなら、花粉の大量の塊は利用しないでいるとすぐに腐敗したり固くなったりして、巣をふさいでしまうのに、それをためこもうとする奇妙な性癖や、最初の分封から二番目の女王の受精にいたるまでの長い不毛の空位期間等々があげられる。

こうした欠陥の中でも、もっとも重大で、この国の気候ではほとんどつねに致命的なものとなる唯一の欠陥は、繰り返しおこなわれる分封である。ただし、この点については、飼育蜜蜂の自然淘汰は、もう何千年来、人間によって邪魔されてきたのだということを忘れてはなるまい。ファラオの時代のエジプト人から今日の農民にいたるまで、養蜂家というものはつねにこの種族の欲望と利益に反する行動をとってきた。もっとも勢いのよい群れは夏の初めからただ一度しか分封群を送り出さない群れなのだ。こうした群れはかくしてその母性本能をみたし、確実に一族血統を維持し、必要な女王の交代はおこない、分封群の将来も保証することになる。この分封群は蜂の数も多く、時期も早めなので、秋が来る前に、堅固で食糧を充分に備えた住まいを建てる時間のゆとりがあるからだ。もし人間が何も手を加えなかったら、このような群れとその子孫だけが、さまざまな本能につき動かされているコロニーをほとんど例外なく全滅させて来た冬の試練に耐えぬくことになり、分封の回数は少なくするという規則が、北方品種のあいだでは徐々に定着しただろうということは確かだ。だが、まさにそうした慎重で富裕で、しかも風土によく馴化した群れをこそ、人間はその宝を横取りするために、つねに亡ぼしてきたのである。従来のやり方どおり、人間は疲弊しきったコロニーや家系、第二、第三の分封群だけを生き残らせて来たし、いまでもそうしている。それは、やっと冬をこせるだけのものを貯えているとか、あるいはその乏しい貯えを補足すべく、人間が質の悪い蜜をいくらかあたえてやるといった群れなのである。その結果、種はおそらく弱体化し、分封を過度におこなう傾向は代々伝えられるうちにますます助長されて、今日ではこの国のほとんどの蜜蜂、ことにここであつかっている黒い蜜蜂は、分封をおこないすぎる。ここ数年来、可動巣板式巣箱をつかう養蜂の新しい方法がいろいろ研究されて、この危険な習慣をやめさせようとしている。そして、人為淘汰がひじょうな速さで大部分の家畜、――そのすべてをあげるまでもないが、牛、犬、羊、馬、鳩などのうえに影響をおよぼしていることを思えば、遠からず人間は、ごく自然な分封すらほとんど完全に放棄し、全活動を蜜と花粉の収穫に向けるような蜜蜂の種属を作り出すだろうと信ずる余地もあるわけだ。

XV

他の欠陥はと言えば、共同生活の目的をもっとはっきり自覚するような知性があれば、そうした欠陥をのがれることはできないものだろうか。これらの欠陥は、あるものは巣箱の群れの未知の部分に由来しているし、あるものは人間が手を貸している分封とその誤りの結果であるにすぎない。そして、これまでに見てきたことをもとにして、各人が好きなように、蜜蜂にはどんな知性もそなわっているとも、あるはずがないとも考えてかまわないわけである。私はどうしても蜜蜂を擁護しようとしているわけではない。多くの場合に彼らは理解力を示しているように思われるが、たとえ今していることをただ盲目的にしているのだとしても、私の興味はそれがために減るわけではない。ある頭脳が、寒さ、飢え、死、時間、空間、孤独、といった、生命あるものを襲うあらゆる敵と戦うために、己の中に驚くべき手段を見出していくのを見るのは興味深いことだが、一方、ある生き物が本能を一歩もでず、ごく当り前のこと以外いっさいなにもせずに、どうにかその複雑で深遠な小さな生命を維持できるのだとしたら、これまた大変興味深く、また不思議なことであろう。ごく当り前のことと驚嘆すべきこととは、このふたつを自然の懐の中の本当の場所に置いてみれば、互いに混りあってしまうし、同じ値打をもったものなのである。もう、不当に得た名声を保っているこの両者ではなくして、理解されていないもの、説明されていないものこそが私たちの注意をひき、私たちの研究活動を楽しいものにし、私たちの思考、感情、言葉に新しい、より正しい形態をあたえるべきなのである。そうしたものには、他のものとは結びつきそうもない賢い教えが含まれているのだ。

XVI

それに、私たちには人間の知性の名において、蜜蜂の欠陥を裁く資格などすこしもないのだ。人間の場合でも、意識と知性とが誤りや欠陥のただなかで、それに気づきもせずに長い時間をすごし、気づいてからなにも手をほどこさずにさらに長い時をすごしてしまう例を見ているのではないだろうか。もし、意識を持ち、純粋な理性に従って共同生活をおこないかつ組織することを、特別に、有機的に運命づけられている存在があるとするなら、それはもちろん人間である。しかし、人間のしていることを見て、蜜蜂社会の欠陥と人間社会の欠陥とを比較してみるがよい。もし私たちが蜜蜂で、人間を観察しているとしたら、たとえばその他の点ではすぐれた理性を備えているように思える人間たちのとある部族で、仕事の機構が非論理的で不公平であるのを調べたら、私たちはさぞや驚くことだろう。共同生活全体の唯一の源である地表を、全体の人口の二、三割の人たちが苦労して耕してはいるが、それでも不充分であること、他の一割は完全に遊び暮し、前の人たちの仕事の収穫の最良の部分を食べつくしてしまうこと、残りの七割は恒常的に半ば飢えている状態に置かれ、休みなしに奇妙で不毛な努力をして精根つき果て、しかもその努力をしたとて自分たちがうるところはなにもなく、なにもしないでいる人間たちの存在をさらに複雑に、さらに不可解なものにしていくだけのように見えること、などを知ることになるだろう。こうした事実から、私たちはこの生き物の理性と道徳感は私たちのとはまったく異る世界に属していて、彼らは私たちにも理解できるかもしれないなどと期待すべきでないような原理に従っているのだ、という結論をだすことだろう。だが、私たち人間のいろいろな欠陥を点検するのはもうやめておこう。とにかくこれのことはつねに私たちの頭にあるのだ。あるとは言っても、これらの欠陥が精神に対してほとんどなにも働きかけないというのも事実だ。何世紀もたつうちにたまに、そのうちのひとつが立ち上がり、ほんのいっとき精神の眠りを揺さぶり、驚きの叫びをあげ、頭を支えていた痛む腕を伸ばし、位置を変え、ふたたび横になり、休息のどんよりした疲れから生まれる新たな苦悩に呼び起こされるまで、ふたたび眠りこむのである。

XVII

ミツバチ上科の、というよりすくなくもミツバチ属の進化が認められているのであれば——というのは、ミツバチ属は固定化しているというよりは進化しているという方が本当らしいからだが——この進化の恒久的普遍的方向とはどんなものだろうか。それは人間と同じ曲線を描いているようだ。そして明らかに苦労とか不安全な状態、窮乏は減らし、安楽さや好機、種の権威はふやそうとする傾向にある。この目的のためには、種の進化は共有の力と幸福でもって、孤独の独立性（もっともこれは錯覚によるものであり、不幸なものであるのだが）を相殺しながら、ためらうことなく個体を犠牲にしていく。自然はツキディデス描くペリクレスと同じように、個人というものは、たとえそこで苦しい思いをしていようとも、全体として繁栄している都市の中にいる方が、個人は栄え、国家は衰退するという場合よりも幸せなのだと考えているらしい。自然は強大な都市の勤勉な奴隷を保護し、何の義務も持たずに一時的な仲間のあいだを通りすぎていくようなものは、時間の一刻一刻の中に、宇宙のひとつひとつの動きの中に、空間のひとつひとつのくぼみの中に潜んでいる、形も名前も持たぬ敵たちの手にひきわたしてしまう。いまは、自然のこのような考え方について論じているときではないし、人間はその考え方に従うべきかどうかと自問しているときでもないのだが、はかり知れないものが一体となってあるひとつの考え方、思想の様相を私たちにわからせようとしている場合なら例外なく、この様相は例の進化の道――その果てがどうなるかはわかっていないのだが――をたどっていることは確かである。私たちに関して言えば、物質の敵意ある不活動性と戦ってかち得たすべてを、自然がどれほど注意をはらって、進化しつつある種属の中に保持し固定しようと努めたかを確かめるだけで充分であろう。自然はある努力が首尾よくいけばそのたびに点をつけ、努力の後に不可避的にやって来る後退を妨げようと、なにかしら特別で好意溢れるいくつもの法則を制定する。この進化は、もっとも知力があるとされている数種の動物においては否定しがたいものであり、その進化の動きそのもの以外の目的はおそらく持たず、どこへ向かっているのかも自分では知らないのだろう。ともあれ、こうした類の若干の事実以外にははっきりした意志を示しているものがないような世界では、ある種の生き物たちが、私たちが眼を開いた日以来、少しずつ絶えることなくこうして高まっていくのを眼にするのは大変意義深いことなのだ。だから蜜蜂が強大な闇の中のこの不思議な知性の螺旋形しか私たちに示してくれなかったとしてもそれで充分であり、私たちのさまざまな熾烈な情熱や思いあがった運命とはかけ離れていながらもよく似ている、彼らのなんでもない動作や目立たぬ習慣を研究するために費した時間を悔むにはあたらないのである。

XVIII

こうしたすべては無駄なことで、私たち人間の知性の光の螺旋形も、蜜蜂の場合と同様に暗闇を楽しませるために明るく光るだけのことかもしれない。さらに、外部から、他の世界から、あるいはなにか新しい現象から生ずる法外な偶発事が、突如、この努力に決定的な意味をあたえるかもしれないし、この努力を決定的に台なしにしてしまうかもしれない。それでも、異常なことはなにも起こるはずがないかのように、私たちの道を進もうではないか。明日にでも、ある思いもかけぬ新事実、たとえば、地球より古く、地球より光輝く遊星との通信などで、地球の自然は一変し、人間のさまざまな情熱、法、根源的な諸真理は抹殺されることになろうとも、もっとも賢明なのは、いまあるこの時間すべてを費して、そうした情熱や法、真理に興味を持つようにし、それらを精神の中で一致和合させ、私たちの運命——それは私たちの内部や周囲で、生のさまざまな不可解な力をいくらでも統御し、しつけるということなのだが——に忠実でいるようにすることだと心得ていたいものだ。その新事実の啓示を前にしては、こうしたことのうちのどれひとつとして存続しえないかもしれない。しかし、このうえもなく人間的なものであるこの使命を最後まで果すような人たちは、その新事実を受け入れるにあたっても、必ずや最前列にいるはずである。そして、たとえこの新事実によって彼らが唯一の真の義務は無関心であり、知りえぬものをあきらめることだと悟るようなことがあるとしても、彼らは他の人間たち以上に、この終局的な無関心とあきらめを理解し、そのことを利用することができるだろう。

XIX

さて、これ以上この方向に空想を押しすすめていくのはやめよう。この世界の全滅の可能性も、さらに偶然の奇蹟的な介入も、私たちのなすべき仕事の予定の中には入れないことにしよう。これまで、想像力はさまざまな可能性を見せてくれたものの、私たちはつねに私たち自身と私たちの能力のみを信頼してきた。この地上で作り出された有用で長持ちのするものはすべて、人間のごくささやかな努力によってこそ現実化されてきたのである。なにか未知の思いがけぬ出来事から最良のことを期待するのも、最悪のことを覚悟するのも私たちの自由だが、それはこの期待なり覚悟なりが人間としての任務と混同されるようなことはないという条件つきでの自由である。これに関してもまた、蜜蜂がすばらしい教訓――自然の教訓はすべてすばらしいものだ――をひとつ私たちにあたえてくれる。彼らにとっては、実際に不思議な干渉があった。彼らは人間の場合よりも明らかに、彼らの種属を全滅させたり、変えたりして、その運命を変更することができるようなある意志の手にゆだねられているのだ。それにもかかわらず、彼らは昔からの深遠な義務に忠実に従っている。そして、今日彼ら一族の境遇を高めている超自然的な干渉をもっともうまく利用しようという構えのあるものはといえば、それはまさに彼らの中でももっとも忠実にこの義務に従っているものたちなのだ。ところで、ある生き物の、どうしてもあらがうことのできない義務というものを知るのは、信じられているほどむずかしくはない。それは、その生き物の特徴となっていて、他のすべての器官はそれに従属している、という器官の中に必ず読みとることができるのだ。蜜をつくり出さねばならないと、蜜蜂の舌や口や胃に書きこまれているのと同様に、私たち人間の眼、耳、骨髄、頭のすべての脳葉、身体中の全神経組織には、私たちが地上の物事から吸収するものを、特別で地球では唯ひとつという質のエネルギーに変えるためにできているのだということが書きこまれている。

私の知るかぎりいかなる生き物も、私たちのようにこの不思議な力の流体を生産するようにと作られたためしはない。この流体は思考、知性、悟性、理性、魂、精神、頭脳の力、徳、善、正義、知識などとも呼ばれる。本質はひとつしかないのに、たくさんの名前を持っているのだ。私たちのすべてはこれのために犠牲になっている。これが優勢だと、私たちの筋肉、健康、手足の敏捷性、動物的諸機能の均衡、人生の平穏さなどにはだんだん障害が多く出てくるようになる。これは、そこでは物質を高めることができるという、このうえもなく貴重で得がたい状態なのだ。炎も熱も光も、生命でさえも、さらには生命よりなお微細な本能も、私たちが出現する前に世界を王冠のように飾っていた捉えがたいさまざまな力のうちの大部分も、この新たな流出物に触れては顔色を失った。これが私たちをどこへ導いていくのか、私たちをどうしようというのか、私たちはこれをどうするのか、それはわからない。これが全盛期にあって君臨するようなときに、向うの方がそれを私たちに教えてくれることだろう。それまでは、これが私たちに求めるものをすべてあたえてやることと、余すところなく花ひらくのをおくらせる可能性のあるものは、すべてこれのために犠牲にしてしまうことだけを考えていよう。当面はこれこそが私たちの義務の中でも第一の、明白な義務であることは疑問の余地がない。この流体は他の義務もさらに教えてくれることだろう。高地の水は頂上からの不思議な糧《かて》に応じて、平野のいくつもの小川を養って長く延ばしてやるように、この流体は我と我が身を養うに応じて他のさまざまな義務をも養い、ひき延ばすことだろう。こうして私たちの犠牲において蓄積されていく力を誰が利用するのかを知ろうと頭を悩ますのはやめよう。蜜蜂は自分たちが集める蜜を自分たちが食べるのかどうかは知らない。同様に、私たちが宇宙に導き入れる精神の力を誰が利用することになるのか、私たちは知らないのだ。蜜蜂が自分たちや子供たちに必要な量より多い蜜を花から花へと集めまわるように、この不可解な炎に滋養分をあたえうるようなものは何でも現実から現実へと探して歩こう。有機体としての義務を果したという確信をもって、どんな事態にも心構えができているようにしたいから。この炎は私たちの感情、情熱で養おう。見え、感じられ、聴こえ、さわれるすべてのもので、さらに炎自身のエキス――それはさまざまな発見や経験、炎が訪れたすべてのものから持ち帰る観察、などから引き出されてくる思想なのだが――で養ってやろうではないか。そうすれば、本当に人間的な義務への熱意を持ち続けてきた人には、すべてが必然的に大変首尾よくいって、彼の懸命の努力はおそらく目的がないのではないかという疑いそのもののために、彼の探究の熱意がさらに確かで純粋、無私無欲、独立不羈、そして高貴なものに見えてくるような時がやってくるのである。

★1――科学的分類では、飼育蜜蜂の占める位置はつぎのとおりである。
網……昆虫
目……膜翅目
科……ミツバチ科
属……ミツバチ属
種……セイヨウミツバチ（原語ではメリフィカ *mellifica*' 蜜を出す、という意味である）
蜜を出す、メリフィカという名称はリンネの分類用語である。これはあまり適切ではない。おそらくは寄生する数種を除いて、ミツバチ科のすべての蜂は蜜を出すからである。スコポリはセリフェラ *cerifera*（蠟をつくる）、レオミュールはドメスティカ *domestica*（飼育の）、ジョフロワはグレガリア *gregaria*（群生する）と言っている。イタリアの蜜蜂、アピス・リグストリカ（セイヨウ・ミツバチ）はアピス・メリフィカ（すなわち飼育蜜蜂）の変種である。
★2――こうした例は分封による第二群、第三群によく見られる。というのは彼らは第一群より経験も浅く、慎重でもないからだ。彼らは移り気な処女女王を指導者に持ち、その構成員のほとんどはひじょうに若い蜂である。彼らは、この国の無情な空の苛酷さや気まぐれを知らないだけになお、原始的本能の力に弱いのだ。ただ、こうした群はどれひとつとして、秋の最初の北風を生きぬくことはできず、自然の課す緩慢で隠れた試練の数知れぬ犠牲者のひとつになっていく。
★3――ここでもう一度だけ蜜蜂の建築物を取扱っているのだから、ついでにヒメミツバチ（*Apis florea*）の場合の興味深い特色を指摘しておこう。雄蜂用の巣部屋の壁のいくつかは六角形ではなく円筒形である。一方の形状から他方の形状に移って、良い方を決定的に採用するというところまでは行っていないように思われる。
★4――同様の事実がビュヒナーによって報告されているが、状況への順応がゆっくり、百年もかかって無意識に運命的におこなわれるのではなく、ただちに、知的におこなわれるのだということを証明している。すなわちバルバドス島では一年中砂糖を豊富にえられる製糖所が立ち並んでいるので、彼らは花々を訪れることを完全にやめてしまう。
★5――三つの用語ミツバチ上科（*Apiens*）、ミツバチ科（*Apides*）、ミツバチ属（*Apites*）を混同しないようにしよう。これらの用語をつぎつぎに使用するが、M・エミール・ブランシャールの分類から借用したものだ。ミツバチ上科には蜜蜂のさまざまな科がすべて含まれる。ミツバチ科は、こうした科のうちでも第一のもので、三つの亜科、オオハリナシバチ属、ミツバチ属、マルハナバチ属にわかれる。そしてミツバチ属には飼育蜜蜂のさまざまな変種が含まれる。

★6——例——マルハナバチの寄生体はマルハナバチヤドリだし、ツツハナバチを犠牲者として生きている。J・ペレが「蜜蜂」のなかで、寄生体とその犠牲者である被寄生体がしばしばよく似ていることについて、つぎのように書いているのはもっともである。「こうしたふたつの種類のものが同一タイプのふたつの形態であり、互いに大変密接な姻戚関係で結ばれているのだということを認めざるをえない。生物変移説をとる自然科学者にとって、この姻戚関係はただ観念的なものではなくて、現実的なものである。寄生種の方は、収穫する種の一子孫にすぎず、寄生生活に順応していくにつれて、収穫のための諸器官を失ってしまったものであろう。」

★7——オオハリナシバチの場合は、女王位の原則というか唯一の母蜂という原則が厳密に守られているかどうかは確かではない。ブランシャールは彼女たちには針がないから、蜜蜂の女王たちのように簡単に殺し合うことは出来ず、おそらくは同じ巣箱に数匹の雌が生きているのだろうとしているが、もっともである。ただし、雌蜂と働蜂がひじょうによく似ていることと、この国の気候ではハリナシバチ *Mélipones* を育てることができないこととでいまもって事実は確かめられていない。

訳者あとがき

橋本　綱＋山下知夫

蜜蜂が、花が、光が語ってくれたら

橋本綱

「もし原生代以前に発せられた光が話せたなら、われわれの所にやって来るまでにさまざまな世界を横切ってくるその途上で出くわす、生命のあらゆる相、あらゆる文明を語ってくれることだろう。また、石炭紀の混乱や両棲類から、ジュラ紀の怪物のようなとかげ類、ブロントザウロス、アトラントザウルス、イグアノドンといった白亜紀の恐竜類、第三紀の巨大な哺乳類など、この地上に光が見たすべて、すなわち、数百万年にわたる地球の歴史全体をわれわれに語ってくれることだろう。いったい、どうして、いつの日か光の言うことが理解できるようにならぬものでもないと考えてはいけないのか。光波という神秘的現象が、われわれは本当にそのことを期待して構わないのだと告げているではないか?」(『神の前で』一九三七年)

人間の言葉から昆虫の言葉へ(『蜜蜂の生活』『白蟻の生活』『蟻の生活』)、花の言葉へ(『花の知恵』)と、「言葉」の段階を下降し、さらに鉱物の無言の言葉を手探りするメーテルリンクは、ここでは光の言葉にも想いをこらせる。メーテルリンクにとっては、虫も花も光もものみなすべてが語る、あるいは語りうる。とは言っても、それはあの『青い鳥』の中で「光」や「夜」や「星」、さらには「ぜいたくたち」「病気たち」が人間の言葉を話すようにではない。人間には理解できないやり方で、それでも確かに何らかの「意志」の存在を感じさせながら存在している、ということだ。この本の中で、ある行為、動作が各個体の意志、知性によるものかどうかを考察しながら、その対象を「知力」の度合が低いと思われるものへとずらせていくところがあるが、メーテルリンクは、個体から発するのではない意志、力というものの存在が否定しようもなく明らかになる点を、どうしても知りたかったのだ。

詩人が「科学的」な題材を正面からとりあげてものを書き、それが文学、科学の両サイドからうさんくさいものとも受けとられず、愛嬌として読みおかれる、というのでもなく、メーテルリンクの三部作のように世界的に知られ、彼の、おそらくもっとも完成された、もっとも美しい作品のうちに数えられる一連の作品として称えられるには、それなりの理由があろう。まずは、心地よい音をたてて忙し気に飛びまわる、この小さな生き物そのもの、および、蜜蜂が喚起するすべてのもの――花々、樹、緑、露、風、青空、影、光に対する無類の愛情。その愛情に裏うちされた辛抱強い観察。そして、それらを描き出す時の、詩的技法を駆使した少しばかり冗長で、溢れるばかりに叙情的な文章。蜜蜂に関する細かな具体的な真実にできるだけ客観的に迫り、可能なかぎり詳細に描こうとする努力など。しかし、この本を蜜蜂の研究書としては特異なものにしているのは、小さな事実に迫れば迫るほど存在の気配を見せてくる「巣の精神」であり、さらに蜜蜂と人間とを重ねあわせた時に予想される「都市の精神」「世界の精神」「宇宙の精神」であろう。蜜蜂の専門家が読めば、蜜蜂への愛情と観察の努力を除けば、先にあげたこの本の特徴はすべて無用な脱線となり、「巣の精神」にいたってはとりあげる価値もない、馬鹿らしい逃げ道ということになるのかもしれない。が、メーテルリンクにとっては、「物」に迫れば「気」に行きつくのであり、あの、どことも知れぬ空間に閉じこめられたまま展開される、彼の数々の不可思議な戯曲は、行きついた先の「気」だけが存在する世界であるとも言える。

アントナン・アルトーによれば、メーテルリンクは純粋な観念のさまざまな形態や状態に生命を吹きこみたいと願い、ペレアスやメリザンドやタンタジルは、自然の中に潜むさまざまな意識を眼に見える形態として表したものである。彼のドラマの人物は知性も感情も欲望も意志も持ちながら、我しらずある種の運命の力に動かされるマリオネットなのだ。「メーテルリンクは蜜蜂を大変よく知っていた。祝祭の華々しい大騒ぎや、戦闘のざわめきや、金切声をあげて落下していく者たちの死ばかりではなく、彼らの生活の相はそのことごとくが、ある強烈で遠大な、パチパチと音をたてているようなドラマの、生き生きとした瞬間として書きこまれている」（アントナン・アルトー）。蜜蜂の生活もまたメーテルリンクにとっては一つのドラマであったのだ。ただ今度は、観客の側からこのドラマに立ちあうことになった彼にとって蜜蜂は彼の思想をサンボリックに代弁しているうってつけの対象でもあり、このドラマを克明に追っていくことによって、「生命」を吹きこまれる前の純粋な観念へとさかのぼっていかねばならぬ対象でもあった、ということになろう。だから、実体として形をそなえ動きまわっている「象徴」から、形を持たぬ実体へのこの旅は、生来サンボリックにものを感じとるメーテルリンクの企てた、「自然」のドラマトゥルギーの内側からの解明であるということになるかもしれない。

蜜蜂が語ってくれたら、花が語ってくれたら、光が語ってくれたら、すべての謎や神秘、驚きや讃美はメーテルリンクから消え失せただろうか。否、そんなことはあるまい。この本の中で言っているように「私たちから讃美を奪おうにも奪えない地点が必ずどこかに残るようになって」いて、メーテルリンクの「物」から「気」への旅は決して終ることがなかったろう。

有機と無機のあいだに

山下知夫

ここに訳出したのはモーリス・メーテルリンクが一九〇一年に刊行した『蜜蜂の生活』(*La Vie des Abeilles*)の全編である。本書の刊行後、作者は一九二六年に『白蟻の生活』(*La Vie des Termites*)を、一九三〇年に『蟻の生活』(*La Vie des Fourmis*)を発表し、社会生活を営む三大昆虫を対象とした三部作を完成している。『蟻の生活』の中でメーテルリンクは、社会の組織や完成度からいえば三つの昆虫のうちもっとも高度なのは蟻であり、蜜蜂はその幾何学的な建築のすばらしさにもかかわらずもっとも低い段階にいるという意味の発言をおこなっており、三部作は計らずも、社会組織の完成度の低いものから高いものへという順序で発表されたことになる。しかしこの本ではフランドルのゼーランド地方の養蜂所で作者が蜜蜂の巣にはじめて接したときのことが、愛惜をこめて美しく回想されている。本書はそれ以来メーテルリンクが長い間蜜蜂の飼育で培ってきた経験の上に書かれている。したがって作者としては蜜蜂に対して白蟻や蟻よりも個人的な愛着をもっていたと想像され、『蜜蜂の生活』がまず最初に書かれているのも、そうした点に理由を求めるのが至当であろう。

この本は作者自身何度も強調しているように、それまでおこなわれてきた実験や彼自身が観察した事実だけに基づいていて、蜜蜂の生活や習慣についてのひじょうに信頼できる読物となっている(メーテルリンク自身の実際的な観察家、実験家としての資質は、第三章の九節で蜜蜂のコミュニケーションについて行なった実験の報告によく現われている)。とはいえこの本は当然のことながら単なる科学的な啓蒙書のたぐいではない。専門的にいえば初版刊行から八十年経った現在では、この本の中で謎や神秘とされた事実が解明されているものも多いであろうし、付け加えるべきこともあるだろう。

この本はむしろ蜜蜂を主題にした文学的なエッセイとして読まれるべきものであり、その意味では、たとえばやはり昆虫を主題にしたミシュレの『虫』や、純然たる観察記でありながら、独立した文学作品として今日まで広く読まれ親しまれているファーブルの『昆虫記』と比較してみるのも興味深い。ミシュレやファーブルに共通しているところは彼らの孤独な自然愛好家としての一面である。そして彼らの著述からはいずれもアカデミックな学問的雰囲気からかけはなれた何かが感じられるのだ。彼らがみずから求めた田園生活や森の中での暮らしの描写や、そこからえられたみごとな観察や発見、あるいはさまざまな省察からは時として詩情がかもし出されて読者の心を惹きつける要因となっている。その点でベルギー、フランドル地方の生れの詩人であるメーテルリンクも、パリのような大都会で暮すよりも、ノルマンディー地方の小村や、南仏のグラースで過すことを好み、孤独な自然愛好家と呼ぶにふさわしい一面をもっていたことはたしかである。そうした一面は、いわゆる昆虫三部作だけではなく、彼がガンやグラースに所有していた庭園の花々に想をえて書かれたエッセイ『花の知恵』(*L'Intelligence des Fleors* 一九〇七年)にも遺憾なく発揮されている。

しかし『蜜蜂の生活』の特徴をすべて捉えようとするなら、メーテルリンクの自然愛好家としての側面や、ミシュレやファーブルのような博物誌への嗜好に言及するだけでは不充分である。

おそらくこの本を読んだひとが誰でも感じることと思うが、メーテルリンクには一種独特の思弁的傾向、特に形而上的な傾向がひじょうに強いのである。それは文体にもよく現われていて、たとえば蜜蜂社会の具体的な問題についてきわめて簡潔で明瞭な説明をしたすぐその後で、今度は晦渋な哲学的、形而上的な議論が長々とくり広げられたりする。『蜜蜂の生活』の場合は特に、こうした思弁に対して、ふつうのいわゆる「博物誌」とか「昆虫記」としては不必要とおもわれるくらい多くのページが費やされているのである(この傾向は後半、とくに四章や五章で著しいようにおもわれる)。

この点をはっきりさせるためにはやはり本書の思想的な背景といったものも考えなければならないだろう。たとえばもし、ミシュレの『鳥』とか『虫』に見られる自然や博物学への愛着や、しばしば大袈裟な形を取ることもないではないロマン主義的な感情の高揚の背後には、大著『フランス革命史』を書いた歴史家ミシュレの進歩的な共和主義者としての世界観があり、ファーブルの『昆虫記』の数々の精緻な実験や観察、文学的香りをたたえた洞察の下には、実証主義的な考え方、啓蒙主義的な科学観が横たわっていた、とひじょうに単純化して要約することが許されるとするなら、メーテルリンクの『蜜蜂の生活』の背後には、どんな思想的な背景が考えられるだろうか。

『蜜蜂の生活』が出版された一九〇一年はちょうど世紀末が終ってまだ間もない時期で、一九世紀の科学思想がもたらしたいかにも楽観的な実証主義や経験主義が曲り角にさしかかり、それにとって代るさまざまな思潮がつぎつぎに生み出された時期に当っている。『蜜蜂の生活』の一年前、つまり世紀の替り目の年にはマックス・プランクが量子論の最初のアイデアを発表し、新しい物理学の開幕を知らせる。同じ年にフロイトは『夢解釈』を世に問い、夢や無意識の広大な領域に新たな光を投げかける。アインシュタインが相対論の最初の論文を発表するのは『蜜蜂の生活』刊行の四年後である。

もちろんメーテルリンクがそうした理論と関係があるわけでも、影響関係があるわけでもない。しかしすくなくともここで言えることは、もともと文学者として象徴主義の一翼を担い、同郷の中世の神秘家ロイスブルックやドイツロマン派のノヴァーリスの影響を深く受けていたメーテルリンクにとっても、一九世紀の経験主義や実証主義の楽観的な考え方は共感できなかったであろうことは想像に難くない。彼の物の見方はどちらかといえば悲観的である。たとえば蜜蜂社会のみごとな組織、分業、建築のすばらしさに讃辞を惜しまないが、同時にその社会がいかに厳しく容赦のないものであるか、また時として不条理や暴虐を含むものであるかを付け加えるのを忘れない。また膜翅類の進化の段階を辿るときには、その進化が何を犠牲にしてなされたものであるかを強調せずにはいられない。また彼は人間の知性のおよぶ範囲の絶望的な狭さと、無知の領域の広さとを喚起する。人間の自惚れに対しては、「人間よりもすぐれた存在」とか「地球外の惑星の住人」とかの仮想的な存在を引き合いに出して、その眼から見た人間の卑少さを暴き出す。しかしすべてがペシミズムの色合いで塗りつぶされているわけではない。たしかにこの本では、知性はいつも無知をともない、社会はつねに個を犠牲にし、進歩はかならず大きな代償を払わねばならないとくりかえされているが、メーテルリンクによれば、それこそ真実というものが必然的にもつ両義性であり、その両義性を意識することこそ人間の偉大さであると考えられている。彼はこの本で無知を自覚することの重要性を何度も説いているし、この点については第五章の終わりで真実の三つの側面について語る生理学者の口を借りてメーテルリンクの思想がみごとに述べられている。こうした点にメーテルリンクの神秘的であると同時に倫理的な戯曲のテーマとの関連を読みとることが可能かもしれない。

さらにこの本で、メーテルリンクの汎神論的と呼べるような自然観を読みとることもできるだろう。彼は蜜蜂社会を統率している「巣の精神」がいかに見事な意図をもっており用心深さを秘めているかを述べている。そして彼は蜜蜂や動物ばかりでなく、植物にも(『花の知恵』の中で彼は植物にある種の知性や利己心や策略があることを認めている)、さらには結晶のような無機物の中にさえ、なんらかの意図や用心深さを認めようとしているようだ。こうして彼は好んで「自然の意志」とか「地球という惑星の願望」という表現を用いる。(ちなみに彼がこの本のなかでよく用いる「人間よりすぐれた存在」とか「地球外の惑星の住人」という表現も単に文学的、修辞的用法以上の意味をもっていたのかもしれない。メーテルリンク自身、地球外の生物とか、人間よりすぐれた存在とかの可能性をかなり真剣に信じ、そうした存在との通信ということまで真面目に考えていたらしいということを付記しておこう)。

こうした形而上的な問題や倫理的な問題はメーテルリンクに特有のものとはいえ、「私の役割は実際的な手引書や科学的な専攻論文と同じくらい正確に事実を示すことにすぎない。ただそうした事実をより生き生きと叙述し、またより詳しく自由な考察を加え、より調和のとれたやり方で分類するところが、手引書や論文とちがうところである」、と序文で述べられている以上、それほど捉われずに読んでもかまわないし、またそれで十分に興味深く読める著作であることはまちがいない。ただこうした作者自身の控え目な発言にもかかわらず、しばしばその意図を逸脱しているほど思弁的な傾向が強く現われているように思えることを、これは訳者の感想として一言伝えておくことにする。

なお、本書の翻訳は1章から3章までを山下が、4章から7章までを橋本が担当した。

◉著者紹介

モーリス・メーテルリンク　Maurice Maeterlinck（一八六二―一九四九）

一八六二年八月二九日、ベルギーの河港都市、ガンに生まれる。ガン大学法学部に学び、弁護士への道が開かれていたが、法廷に立つよりも文学の道を選びパリへ渡る。詩集『温室』、戯曲『マレーヌ王女』『闖入者』『ペレアスとメリザンド』などで一九世紀末の文壇に踊り出る。世界的に有名な戯曲『青い鳥』は一九〇六年の作。一九一一年、ノーベル文学賞を受賞している。「博物神秘学者メーテルリンク」を伝える昆虫三部作『蜜蜂の生活』（一九〇一）、『白蟻の生活』（一九二六）、『蟻の生活』（一九三〇）は社会的昆虫の生活をテーマとした博物文学の名品。また、美しい科学エッセイ『花の知恵』（一九一二）をはじめとする植物に関する著書もいくつかある。園芸好きの父の影響か、ニースの〈蜜蜂荘〉を理想的な庭と家として、こよなく愛したという。

◉訳者紹介

山下知夫（やました・ともお）

一九五一年、東京生まれ。一九六九年麻布高校卒業後、三年間にわたりパリ大学に留学、フランス近代文学を専攻する。現在、フランス語、英語を中心に翻訳活動をつづける。ルネサンス思想への傾倒から当時の美術や著作に興味を持つ。一方、シュルレアリスム関係の翻訳を手掛け、とくにアンドレ・ブルトンを研究。訳書にＦ・イエイツ『薔薇十字の覚醒』がある。

橋本綱（はしもと・つな）

一九四三年、東京生まれ。東京大学文学部仏文科を卒業後、同大学院修士課程を修了、博士課程中退。東京大学教養学部仏語科助手を経て、現在は成蹊大学経済学部教授。興味の対象はネルヴァルを中心とした一九世紀ロマンティスム周辺の詩人たち。訳書にフランソワ・コンスタンのネルヴァル評論『幻想詩篇』の二大ソネ、Ｐ・ガスカール『ネルヴァルとその時代』（共訳）がある。

蜜蜂の生活

発行日――一九八一年二月二五日初版発行　二〇〇〇年一一月三〇日改訂版第一刷発行
著者――M・メーテルリンク
訳者――山下知夫＋橋本綱
編集――田辺澄江
エディトリアル・デザイン――宮城安総＋小泉まどか
印刷・製本――文唱堂印刷株式会社
発行者――中上千里夫
発行――工作舎 editorial corporation for human becoming
〒150-0046 東京都渋谷区松濤2-21-3 phone:03-3465-5251 fax: 03-3465-5254
URL http://www.kousakusha.co.jp　e-mail:saturn@kousakusha.co.jp
ISBN4-87502-339-1

白蟻の生活 改訂版

◆M・メーテルリンク　尾崎和郎=訳
人間の出現に先行すること1億年の白蟻の文明を観察し、強靱な生命力、コロニーの繁栄、無限の存続に「未知の現実」をかいま見る。『青い鳥』の著者による博物文学の傑作。
●四六判上製●188頁●定価　本体1800円+税

蟻の生活 改訂版

◆M・メーテルリンク　田中義廣=訳
昆虫3部作の完結編。蟻たちが繰り広げる光景は、人間の認識を超えていた！　劇作家・別役実が「生命の神秘に迫る智慧の書である」と絶賛した。
●四六判上製●196頁●定価　本体1900円+税

花の知恵

2001年春増刷予定
◆M・メーテルリンク　高尾 歩=訳
花々が生きるためのドラマには、ダンスあり、発明あり、悲劇あり。大地に根づくという不動の運命に、激しくも美しい抵抗を繰り広げる。植物の未知なる素顔をまとめた美しいエッセイ。
●四六判上製●148頁●定価　本体1500円+税

コルテスの海

◆ジョン・スタインベック　吉村則子+西田美諸子=訳
『エデンの東』『怒りの葡萄』のノーベル文学賞作家による清冽な航海記。カリフォルニア湾の小さな生物たちを観察する眼はまた、人間社会への鋭い批判の眼でもあった。本邦初訳。
●四六判上製●396頁●定価　本体2500円+税

屋久島の時間(とき)

◆星川 淳
世界遺産、屋久島に移り住んで半農半著生活を続ける著者が綴る、とびきりの春夏秋冬。雪の温泉で身を清める新年からマツムシの大合唱を聴く秋まで、自然との共生を教えてくれる好著。
●四六判上製●232頁●定価　本体1900円+税

7/10(セブン・テンス)

◆ジェームズ・ハミルトン=パターソン　西田美緒子+吉村則子=訳
地球の7／10は海、人体の7／10は水。この数字の妙に魅了された詩人が、海と人間の関わり、移りゆく地球の姿を綴る。海図づくり、海賊と流浪の民、難破船と死、深海の魅惑など。
●A5判上製●300頁●定価　本体2900円+税